本気で考える火星の住み方

齋藤 潤

監修 渡部潤一

ワニブックス
PLUS 新書

監修者より

火星。夜空に赤く輝く、この惑星は人類の宇宙観の変遷に一役買う役割がきわめて大きかった、そして今でも大きいといえる天体である。

古来から、なにしろ不気味なくらいに目立った赤色が血の色を想起させ、軍神マーズとされたほどだ。日本でも、明治10年（１８７７年）の西南戦争の頃に大接近を迎え、赤い光の中に陸軍大将の格好をした西郷隆盛の姿が見えたという噂が流布し、「西郷星」と呼ばれた。20世紀の初めには、天体望遠鏡による観察が盛んになされ、表面に直線状の模様が見えることから、高等生命が存在し、表面に運河網をつくっているという噂も流布し、火星人の存在は一般にも信じられるようになった。

本書にも詳述されているように、火星人が地球に襲来するというＳＦがアメリカのラジオドラマで放送されると、それを事実と誤認した人たちが逃げ出そうとしたのは有名なエピソードだ。われわれのような存在は唯一無二ではなく、隣の惑星にいると思われていたわけである。

その後、宇宙時代を迎え、探査機が火星に向かうや、その表面は荒涼たる場所で、着陸探査機が火星人どころか、生命そのものの存在の兆候もつかめない状況が続く。そんな中でも、研究が進むと、過去の火星は地球と同じような、海に覆われた温暖湿潤な気候であることがわかってきた。さらには、いまでも地下に大量の氷があることから、再び火星探査熱は高まった。

アメリカは、続々と探査機を送り、本書に詳しく述べるような成果を次々と上げていき、かつては生命が発生していたかもしれない状況だったことが明らかとなっていく。いまでも地下に氷があるなら、そこで生命が細々と生きながらえているかもしれないという期待が膨らんでいる。つまり、生命という観点でいえば、火星は宇宙に生命が存在するかどうか、そしてそれが一般的なのかどうかを探る絶好のフィールドといえるわけである。

もし、火星に生命発生の痕跡があれば、地球のような温暖湿潤な状況が短かったとしても、生命は容易に生まれうるということになり、宇宙一般に生命は普遍的である可能性が高くなるわけである。その意味でも火星は、我々の宇宙観を大きく変える可能性を持っている。

さらにいえば火星は月に続いて人類が到達を目指している天体でもある。人類の宇宙への進出は、あまりにも広い宇宙ではなかなか一挙には進まないが、すでに20世紀に月着陸を果たした人類の行き先として選ばれたのは火星である。


どうして火星なのか、火星に人類が基地を作り、移住することが可能なのか。すでにさまざまな技術的な検討や実験が進められていることは本書でも詳しく紹介している。そこには宇宙開発に伴う政治的あるいは経済的な思惑が複雑に絡んでいるのだが、本書の著者である齋藤氏は、そのあたりの裏側の事情も含めて、極めて客観的に分析されてきた人物である。

その意味で、本書は火星という天体について、そしてそれを取り巻く宇宙開発状況について、包括的な紹介がされていることに自信を持って世に送り出せることは強調しておきたい。

２０２１年12月　渡部潤一

目次

第２章　火星観測の歴史　39

第3章　火星の大気、地質と地形、水……89

第4章　火星に住むには……123

第5章　これからの火星探査の進む道〜具体的計画へ向けて〜……153

第1章　火星ってどんな星?

太陽系の惑星たち

火星は私たちの地球と同じ、太陽の周りを回る太陽系の惑星です（図1）。そして地球のすぐ外側を回っています。

太陽系には太陽に近い順に水星、金星、地球、火星、木星、土星、天王星、海王星という8つの惑星と、2006年までは惑星扱いで、2006年に国際天文学連合（IAU）総会での多くの議論により新たに作られたカテゴリーの「準惑星」という分類になった冥王星があります。太陽系の内側、水星から火星までは岩石質の惑星で「地球型惑星」と呼ばれています。図1で描かれているように、太陽系の惑星はほぼ同じ面内で太陽の周りを公転しています。

なお、火星と木星の間には、大きいもので半径500キロメートル、小さいもので1メートルかそれ以下の（地球と比べて）小さな天体が集まっています。これを小惑星帯（アステロイドベルト）といいます。図1ではちょうど火星と木星の間で図が分割されているので小惑星帯の記述が省かれています。

図1　太陽系の惑星たち

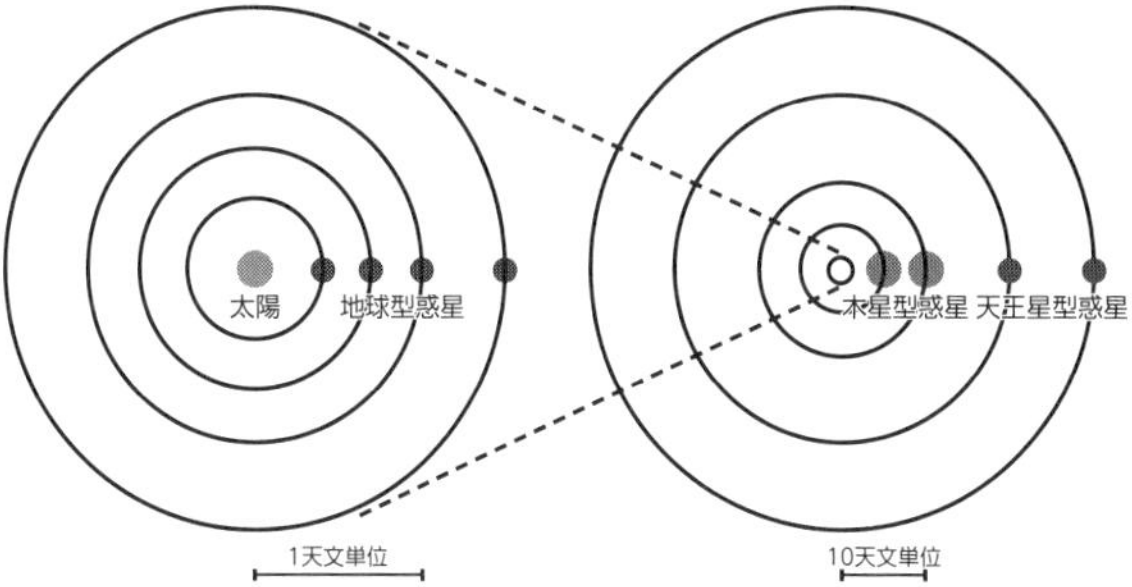

（出所：理科年表公式HPをもとに作成）

小惑星のうちいくつかはメインベルトから外れて地球の軌道近くに接近するようになったものがあります。これらは「地球近傍小惑星」と呼ばれています。2005年に日本の小惑星探査機「はやぶさ」が接近して多くの写真を取り、サンプルを持ち帰ってきた小惑星イトカワはまさにその地球近傍小惑星の一つです。

木星と土星は水素などでできている大気がとても分厚い惑星で、この二つを称して木星型惑星と呼ばれています。土星の外側の天王星と海王星は水素、ヘリウムやメタンが太陽から離れているため気化しないので、大気が薄く惑星表面の氷が目立つ惑星です。この二つの惑星は天王星型惑星と呼ばれています。

しかしちょっと前の天文学の教科書は太陽系九つの惑星の一番遠い惑星として冥王星という天体が太陽系の惑星として記述されていました。しかし近年、この星のすぐ外側に、冥王星と似た元素組成（メタンや窒素などが冷え固まった氷になっている）の「太陽系外縁天体」と呼ばれる小さな惑星が多数発見されるといった研究成果が出てくるにつれて、「冥王星は本当に惑星なのだろうか？　大きな外縁惑星の一つではないか？」という議論が重ねられました。

そして2006年の国際天文学連合の決議で惑星から準惑星に区分が変更されました。そのため図1には冥王星という名前が出ていないというわけです。結果として今の教科書では木星型、天王星型としてそれぞれ木星と外側の土星、天王星とその外側の海王星の軌道しか書かれなくなりました。筆者はこのIAU決議の様子をテレビのニュースで見ていたのですが、何か議会で決議をしているような形で「冥王星」という惑星が準惑星に変わる（これを降格という人もいます）という、おそらく今後見ることのできない光景を目の当たりにして正直驚きました。

火星の1日は24時間37分

それではこの辺で太陽系の惑星についての簡単な説明を終えて、いよいよ本書のタイトルになっている火星についての話へと移ることにしましょう。

火星の特徴はとても赤い色をしているということです。地球と火星が接近していると、とても明るく見えるようになり、夜空を赤い星が目立つように輝いていることがわかります。

地球─太陽間の平均距離を１天文単位と呼びますが、火星の軌道は平均１・５天文単位の半径を持つ軌道です。そして火星は半径が３４００キロメートル程度で、地球（赤道付近の半径は約６３７０キロメートル）と比べるとかなり小さい惑星です。

地球と比べると半径がほぼ半分程度で同じ岩石惑星といっても惑星自体が小さいため、表面の重力は地球の40％程度です。

自転する周期は地球とほぼ変わらず、地軸の傾き（太陽系の北極からの傾きという意味です）も地球とそう違いません。ですから小さいとはいっても地球とよく似た状態の

図2　火星の接近

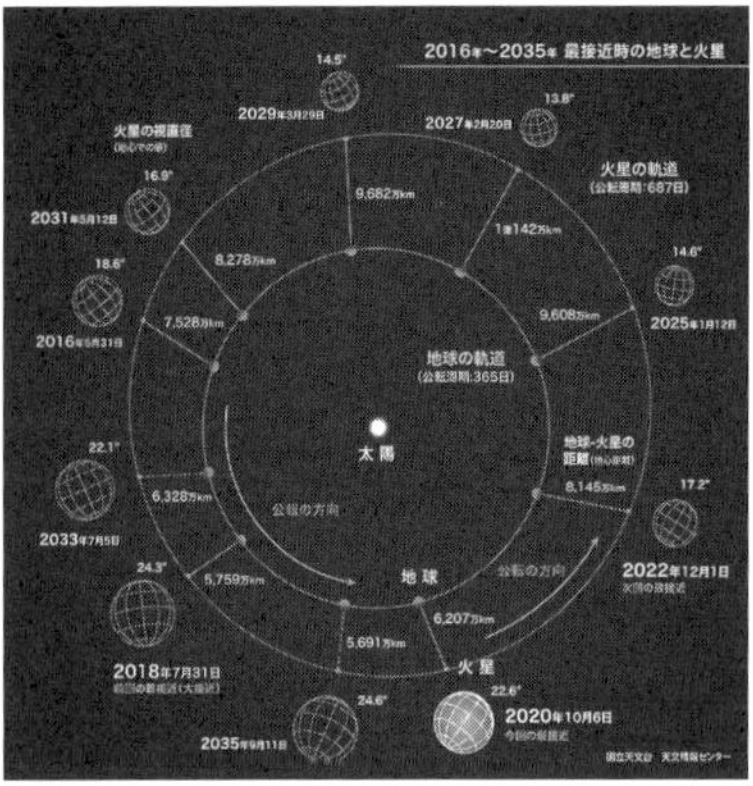

（出所：国立天文台）

惑星だといえます。

公転周期1年の地球では北半球が太陽に近くなるときに夏になり、北半球と南半球間の季節も1年周期で入れ替わります。地軸の傾きが地球と同じような火星も、北半球が夏なら南半球は冬というわけです。すなわち火星にも、地球と同様「季節」が存在します。火星は地球より太陽から遠いので、ケプラーの法則に従い公転周期が地球より長く、1公転周期（つまり火星の1年）は687日になっています。

火星は24時間37分ほどで1回自転するので、24時間で自転する地球と似ています。地軸の傾きも地球とほとんど変わらないため、地球と火星はサイズと太陽からの距離こそ違っていてもお互いに似た環境にある惑星ということができます。

地球が公転する軌道は比較的円に近いのですが、火星の軌道はわずかに楕円形なので、二つの惑星の軌道は平行線にはなっていません（図2）。つまり離れたところと近づいたところがあるということです。

「火星の接近」というのは地球と火星がそれぞれの軌道上を動くときに互いが近づいた状態のことをいいます。地球と火星が互いに近づくとき、お互いの軌道上で離れた位置にいるときに両惑星が「一番近づいた」という場合と、二つの惑星の軌道上で一番地球に火星が近づいているところで「一番近づいた」という場合とではお互いの距離に大きな違いがあります。

図2をよく見ていただくと、地球と火星の軌道は平行線を描いていませんから、場所により近く、そして場所によっては離れています。

地球との大接近は15～17年おき

火星が太陽を1周回る期間（公転周期）は687日なので、365日の地球とはかなり異なります。

そのため、「火星の接近」は毎年起こるわけではありません。軌道上を動く天体はその中心から離れるほど軌道の長さが長くなりますから、太陽の周りを回るのにかかる日数がそれぞれ違っていて、火星のほうが時間がかかるのです（高校生くらいの人でしたら、「ケプラーの法則」といった方がわかりやすいのかもしれません）。そういうこともあって地球と火星の接近は、ほぼ780日ごとに起こりますが、図2で描かれている地球と火星の軌道が近づいたところに二つの惑星が接近した場合のことを特に「火星の大接近」と呼んで普通の「接近」とは区別しています。

これは15年とか17年おきに起こる現象で、大接近のときはアマチュア用の小さな望遠鏡で見ても火星表面のいろいろな模様を見ることができます。

天体観測に興味のある人はご存じでしょうが、火星大接近のときはアマチュア向け小型望遠鏡のメーカーさんがこぞって「火星を見よう」と販売キャンペーンをすることが多いです。こういう宣伝で望遠鏡を買ったという読者の方もおられるかもしれません。火星という星や天体観測に興味がある人にとっては天体望遠鏡を手にして天体観測をするいい機会になると思います。筆者も小学生のとき、まさに火星にあやかった宣伝に乗っかって親に望遠鏡を買ってもらいました。そして宇宙好きになり、とうとうこの分野の研究者になりましたから。

もし望遠鏡が入手できないということであれば、たとえば通っている学校の理科室にある望遠鏡を使わせてもらって火星を見るという方法があります。県や市で天文台を持っているところでは、火星接近のときに大型望遠鏡を一般公開して見せてもらえる機会もあります。ぜひそんなチャンスを活用してみてください。

望遠鏡で見る惑星というと、輪のある土星を思い浮かべる方が多いようです。でも、赤い中にもさまざまな色の濃淡があったり、模様が見えたりする火星も、一度望遠鏡で見る価値のある惑星だと思います。もちろん大接近のときはより細かく模様が見えますが、普通の接近のときでも望遠鏡を使えばやはりいろいろな模様を見ることができます。

なので、「大接近」といわず「接近」でも望遠鏡で火星を観察する意味はあると思います。

火星が赤く見えるのは、その表面の砂に酸化鉄（つまり鉄さびのようなもの）が多く含まれているからです。それで、接近のときもそうですが、特に大接近のときの火星は、夜空を見上げるとひときわ明るい、赤い星が天に輝いているのを見ることができるのです。

海はないが富士より大きい山がある

接近や大接近ごとにこれほど夜空で目立つ星ですから、この星の存在は有史以前から知られていました。そして赤い色をしているということから戦いの神様、軍神マルスの名前から火星（英語ではＭａｒｓ）と呼ばれるようになったのです。

火星にはとても薄いのですが、地球と同じように大気の層があります。平均気圧は地球の１％以下ですが、それでもこのような岩石惑星に薄いとはいっても大気がある以上、気圧の差が発生して強い風が吹き荒れます。

図3　すばる望遠鏡で撮影した火星

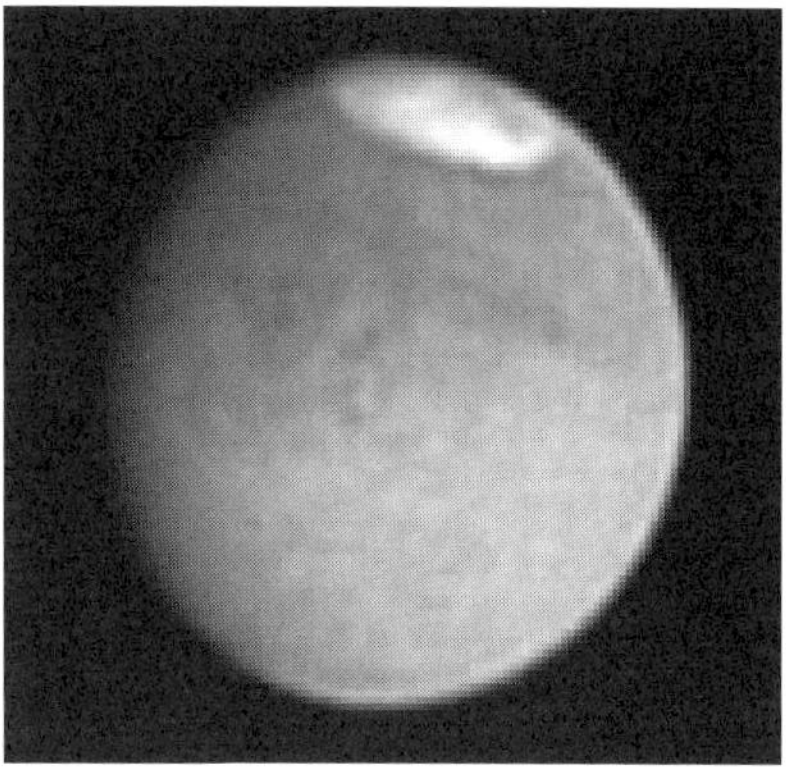

極の付近（写真上）に白く極冠が見えます。（出所：国立天文台）

　火星の強い風は表面の赤い砂を巻き込んで大きな砂嵐を作り出すので、一番強いときには地球から望遠鏡で見ていても火星の模様が見えにくくなることがあるほどです。さらに前に書いたように、火星には「季節」があります。そうなれば温かい大気と冷たい大気が大気圏内を移動して循環がおこることになり、ますます地球の環境に似てきます。

　では火星の地形はどんなものでしょう。望遠鏡などで火星を見るとまず目立つのは北極か南極に白い地域が見えることです。専門的にはこれは極冠と呼ばれていて（図3）、火星の中では一番寒い地域ですから、

図4　火星の地形図

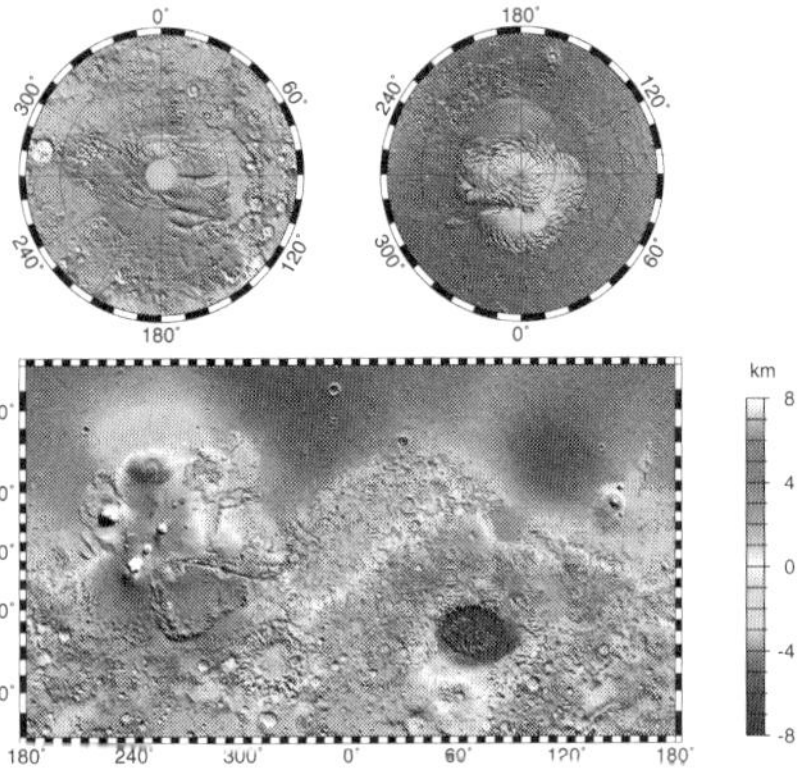

(出所：NASA)

ここには大気成分の二酸化炭素が凍ったドライアイスが多く、水が凍った氷も含まれていると考えられています。季節がありますから北半球が夏のときは極冠は南極にできますし、北半球が冬になれば極冠は北極付近に出現します。そして、季節の変わり目に極冠が溶けると二酸化炭素を中心に固形だったものが気化して冷たい強い風になって吹き荒れるというわけです。

つまり、濃度が薄いとはいっても火星でも地球のように北半球と南半球で大気が大きな流れを持ち惑星中を大気が一定のパターンで循環する、いわゆる「大気の大循環」という現象が起こっています。これでますます環境が地球に似てきました。

火星の地形は図4に示されているように、北半球と南半球で明白な違いがあることが知られています。北半球は比較的平坦な盆地のような地形です。これについてはかつての火山噴火による溶岩が流れ出すことによって平坦な地形になったと考える人や、過去に水が今よりずっとたくさんあってそれが表面を削っていった結果できたと考える人もいます。

その一方で、南半球はたくさんの隕石がぶつかった跡が残っており、多くのクレーターや特に巨大な隕石衝突でできた窪地が見られます。そのため少し大きな望遠鏡で火星を見ると北半球と南半球の明るさが異なることがわかります。平坦な盆地とクレーターがたくさんあるところでは太陽光の反射率が違っているのです。

先に火星の北半球は溶岩が流れ出してそれが冷え固まったために平らな盆地になっているという説があると書きましたが、もちろんそういう溶岩を吹き出す火山も今の火星に残っています。特に大きくて、接近した火星探査機が観測した最大の火山はオリンパス火山と呼ばれています（図5）。周囲の平坦なところからの高さはなんと27キロメー

図5　Vikingオービター撮像のオリンパス火山

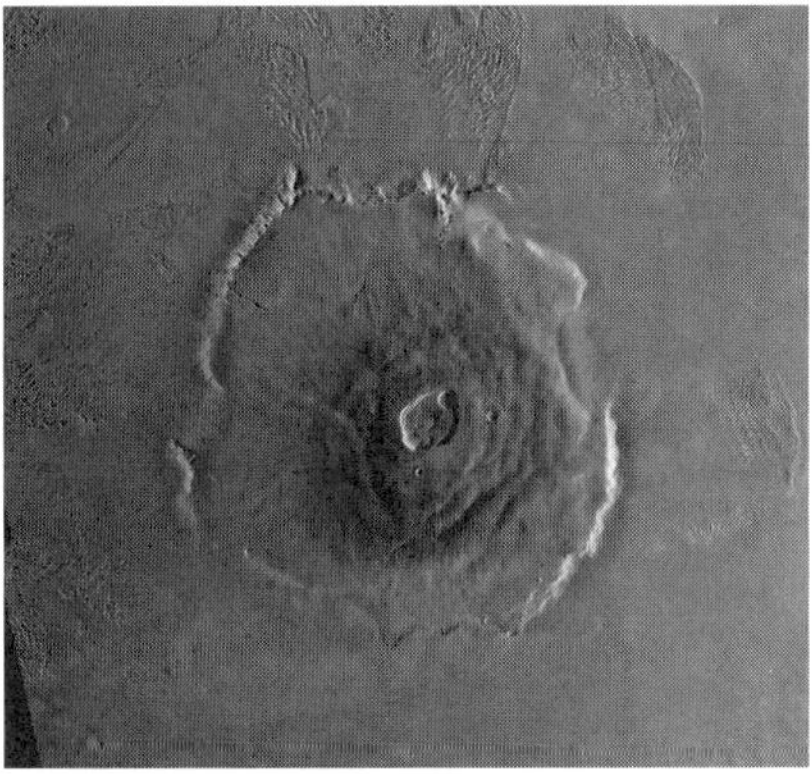

（出所：NASA）

トルもあります（火星には海がありませんから、地球のように「海抜〇〇メートル」という表現ができません。そのため研究者がどこから計測したかでこの火山の高さが微妙に変わります）。富士山の高さが400メートルもないのですから、富士山より一桁高くそびえ立った火山といえます。

そしてもう一つ、火星の地形でとても目立つものがあります。それは大峡谷です。火星のこの巨大峡谷はマリネリスと名付けられています。グランドキャニオンのような大きな谷と考えればいいのですが、これもまたスケールが全然違います。

マリネリス峡谷は火星の赤道に沿ったよ

図6　マーズ・オデッセイ撮像のマリネリス峡谷

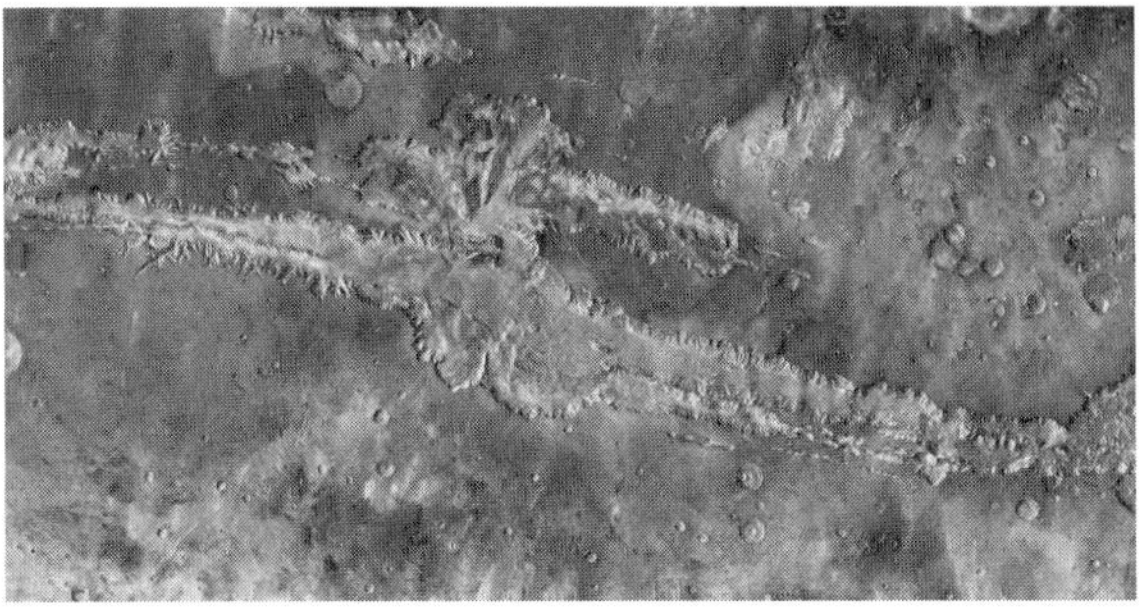

（出所：NASA）

うに伸びていて、長さは約４０００キロメートル、平均的な深さは７キロメートル程度、そして谷幅は一番広いところで２００キロメートル近くにもなります。図６はアメリカのマーズ・オデッセイ探査機が２００６年に撮影したものです。とても長く、幅広い峡谷です。

　地球のグランドキャニオンと比べてみましょう。こちらは長さ４４６キロメートル、平均深さは１キロメートル程度で谷幅は数キロメートルから最大でも30キロメートル弱ということを考えれば、ほとんど一桁大きくて長い峡谷です。これは火星に接近した探査機が火星を撮影すると、視野の中に入っていればとても鮮明に、まるで火星の赤道に彫刻刀か何かで掘ったかのように見えます。拡大すると、この峡谷の中には小さな谷などの複雑な地形がたくさん見られます。

火星の大気は95%が二酸化炭素で占められる

次に火星大気の成分について説明します。

極冠にドライアイスが多いということを前に述べましたが、それだけのドライアイスを作れるだけの二酸化炭素が含まれていることは想像できます。実際には大気のほぼ95%が二酸化炭素です。これならいくら大気が薄くても冷えた極域にドライアイスができるくらいのことは起こりますね。残りは窒素、アルゴン、わずかですが酸素が含まれていますし、少なくとも極冠には多少なりとも水の氷があるわけですから、大気中にもわずかですが水蒸気が含まれています。

少しでも大気があることから、一番温かいときには地表の温度が20℃程度になることが知られています。もしかしたら、二酸化炭素の存在を地球の「温室効果」と結びつけて考える人もいるかもしれません。しかし、もともと大気自体が地球の１％以下と薄いので、いくら二酸化炭素がその大気の大部分を占めていても温室効果が起こっているわけではありません。

そして火星の大気はその一番の上層部からすこしずつ宇宙空間に漏れ出していることが知られています。１９８８年に旧ソ連の火星探査機がこの現象を発見しました。これが長年に渡って続いていることを考えると、火星の大気圧や成分が次第に変化していくことになります。はるか昔の火星の大気はどういうものだったのでしょうか？　とても興味深いところです。

火星が「赤い」理由

次は火星の表面がどんな物質なのか、最新の成果から明らかにされた結果を見てみましょう。

火星の表面の岩石は、地球でいうと玄武岩や安山岩というマグマが冷え固まった岩石

図7　キュリオシティの撮像した火星表層のモザイク画像

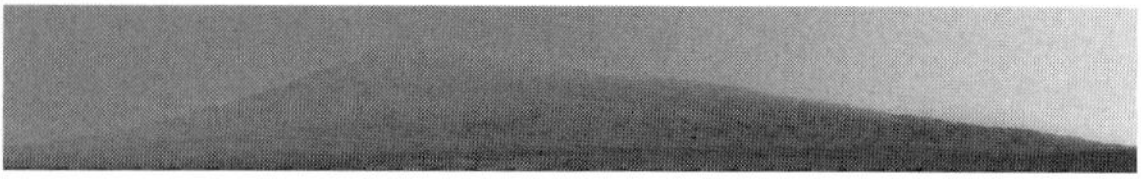

（出所：NASA）

でできています。その上でこれらの岩石が粉になり、さらに大気中に僅かにある酸素や水蒸気などと反応して酸化鉄のような赤い砂におおわれているというわけです。図7は火星に着陸したアメリカの探査機、キュリオシティがとらえた画像です。モノクロ画像で赤いのはわかりませんが、一面がまさに「赤い星」らしく表面は赤茶けた砂におおわれています。

火星の地下を見てどういう地質構造になっているかを知ろうとすれば、たとえばマリネリス峡谷の中に入り込んで壁を見ていくのが比較的楽なのかもしれません。2021年春、アメリカの探査機が火星で無人ヘリコプターを火星表面から離陸させることに成功しました。実はヘリが離陸できたということで火星大気の気圧について少々議論が起こったそうです。薄いとはいえ大気がありますから、このような翼で飛ぶことができる航空機や気球なども火星表面の低高度でかつ遠距離の観測に使えるのが好都合なところです。

あとは先ほど紹介した極冠ですが、図3で画像を示したように、北極と南極の周辺に現れます。成分としてはほぼドライアイスと水の氷です。地軸が地球と同じくらい傾いているため火星には季節がありますから、北半球が夏になると北極冠はどんどん溶けて岩肌が露出するようになりますし、冬になれば一番寒い極域ですから大気中の二酸化炭素や水蒸気が真っ先に凍って極冠を形作ります。これは南極冠も同様です。

図8に欧州宇宙機関（ＥＳＡ）のマーズ・エクスプレスが撮影した南極点付近の画像を示します。一部赤い岩盤が露出していますが、あとは白い氷が周りを覆っています。

将来、火星に人類が拠点を作って住むようになったとしたら、やはり空気もそうですが水の確保は急務です。その意味では極冠からうまく水を取り出すとか、あるいはそれ以外の地域でも地下深くに水があるかもしれませんから、それらを如何にして取り出す

図8　マーズ・エクスプレスが撮像した南極点付近

（出所：ESA）

かを考えなければならないでしょう。

議論を巻き起こした火星隕石

そしてSF映画ではもはやお馴染みですが、火星というと火星人というわけで、大気があって季節もあることから地球と似ているという理由で生命が存在することが予想されています。その意味で今はそれほどでもありませんが、かつては火星とその生物を題材にしたSF小説がたくさんあり、筆者も随分読みました。

火星の生命については長い間議論が続いていたのですが、近年一番大きなインパク

図9　火星隕石ALH(アラン・ヒルズ)84001隕石

(出所:NASA)

トのある研究として、火星から飛んできたと考えられている隕石（隕石は大部分が小惑星から飛んできますが、中には月や火星に大きな衝突が起こったときに空中へ飛び散った地表の破片が脱出速度を超えて地球まで飛んでくるものもあります。これらを月隕石、火星隕石と呼んでいます）の中に生物起源の鉱物ではないかというものが発見され、１９９６年頃から大きな議論を巻き起こしました。

図９にその有名になった隕石、ＡＬＨ８４００１のサンプル写真を示します。ある国際学会でこの説を提唱したデビット・マッケイ博士と議論しましたが、自分の説に

かなりの自信を持っていたように感じました。

アメリカ隊が発見したのでNASAに保管されています。ALHというのは、南極の地名（アラン・ヒルズ）を表していて、84001というのは1984年度の観測隊が発見して最初に正式ナンバリングをした隕石という意味です。

火星の生命についてこの隕石の発見をきっかけにいろいろな議論が巻き起こっているところに、欧米の探査機の精密観測により火星にかつて水が豊富にあったとする仮説が示されたり、着陸機が移動してドリルで岩石に穴を開けて岩石内部の観察をするなどさまざまな観測データが集まってきました。

今はこの火星隕石についての議論だけでなく、昔の火星は生命の住める環境だったのかどうかを研究する方向へと科学者たちの議論はシフトし、多くの研究者が火星の研究に従事しています。

いずれにしてもこれからの観測で古代火星の環境が明らかになってくるにつれて、生命が存在していたか（あるいは今もどこかに微生物が存在しているのか）についても研究が次第に進んでいくものと筆者は期待しています。

「生命がいたかも」と研究者たちに想像させるだけの環境ですから、将来人類が拠点を作って住むにしても、大気が全くなく昼夜の温度差が激しい月よりは人間が住む構造物の設計にはかなりの自由度があると思われます。もっとも火星は月と比べると遥かに遠い天体なので、いくら住みやすいとはいってもコストパフォーマンスは月に拠点を作るのと比べればかなり悪そうです。

火星の「月」

火星の地質や水の挙動についてはこの本の後半でもう少し詳しく具体的に説明していきたいと思います。この章の残りの部分では、火星にある二つの小さな「月」、フォボスとダイモスについて触れておきましょう。

これらの月、これ以降は衛星と呼ぶことにしますが、どちらも地球の月と比較するとあまりにも小さい天体です。どちらも少し球が潰れた楕円体のような形をしています。

火星に近い方を回る衛星フォボス（図10に火星と衛星の軌道の関係を示します）は、球

図10　火星の衛星の軌道図

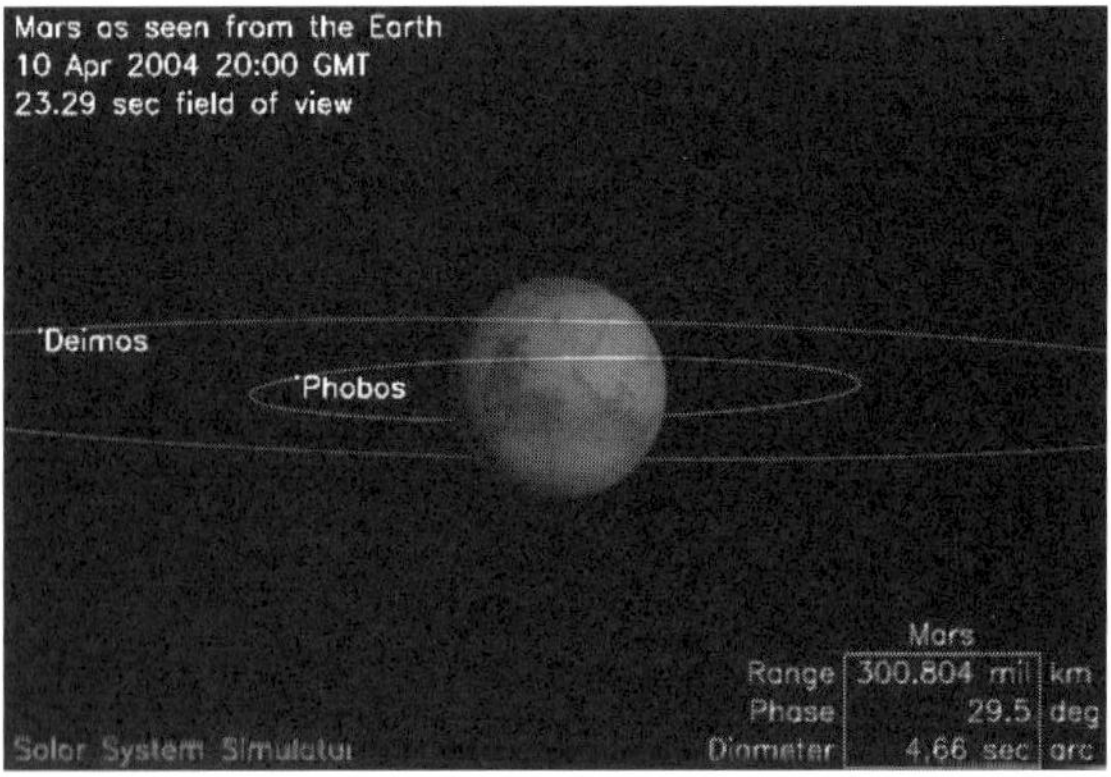

（出所：Wikipedia「火星の衛星フォボスとディモスの軌道」）

に近似すると直径が22・2キロメートル程度です。図11は火星探査機が撮影したフォボスの画像です。そして外側を回る衛星ダイモス（図12。これも探査機から撮影した画像です）は同じように球に近似した直径が12・6キロメートルくらいです。月の直径が約3474キロメートルですから、火星の衛星がいかに小さいかがわかります。

これらの二つの衛星は、火星と木星の間を回っている小惑星が軌道を外れたときに、火星に接近して今度は火星の引力にとらわれてしまったと考えられます。それまで探査機で小惑星を画像を撮ったことがなかったのですが、実はこの火星の衛星の画像は

図11　NASAのマーズ・リコネサンス・オービターが撮影した衛星フォボス

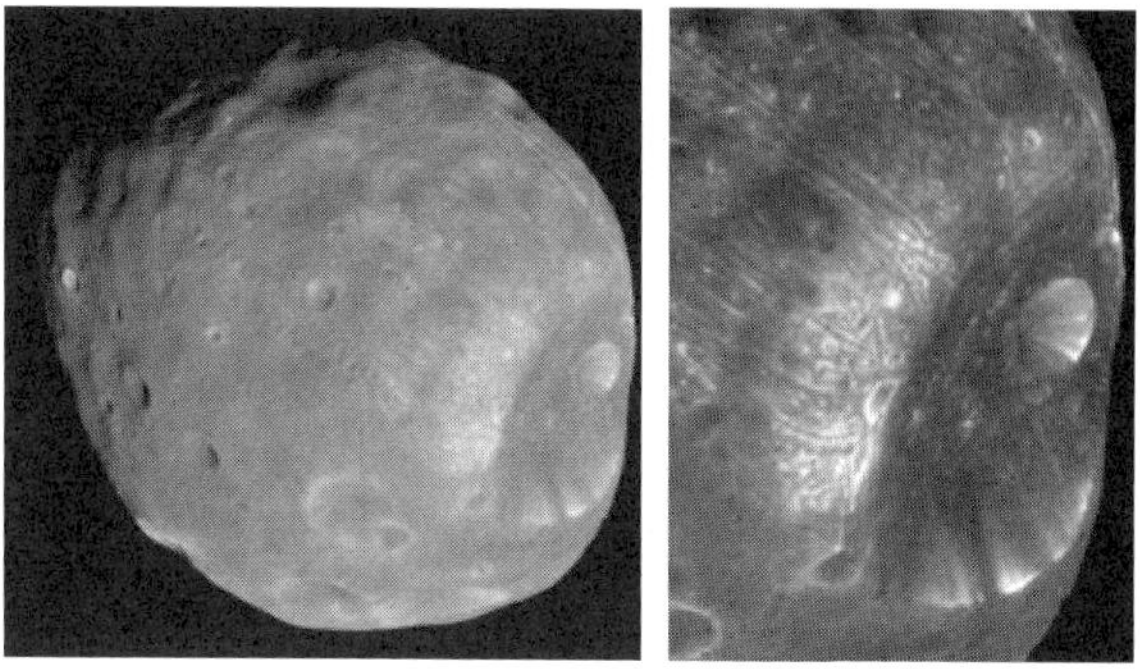

（出所：NASA）

人類が初めて見た小惑星の画像だといえます。

特にフォボスにある巨大なクレーターはスティックニーという名前がついていますが、これ以上大きなクレーターを作るくらいの衝突があると天体自体が粉々になってしまいそうです。そしてどちらの衛星も自転と公転の周期が揃っているので地球の月と同じように火星にいつも同じ面を向けています。

フォボスは火星の赤道付近から見ると、満月の3分の1程度の大きさに見えます。小さい割にかなり大きく見えるのは火星を回る軌道高度がはるかに低いためです。フ

図12　NASAのマーズ・リコネサンス・オービターが撮影した衛星ダイモス

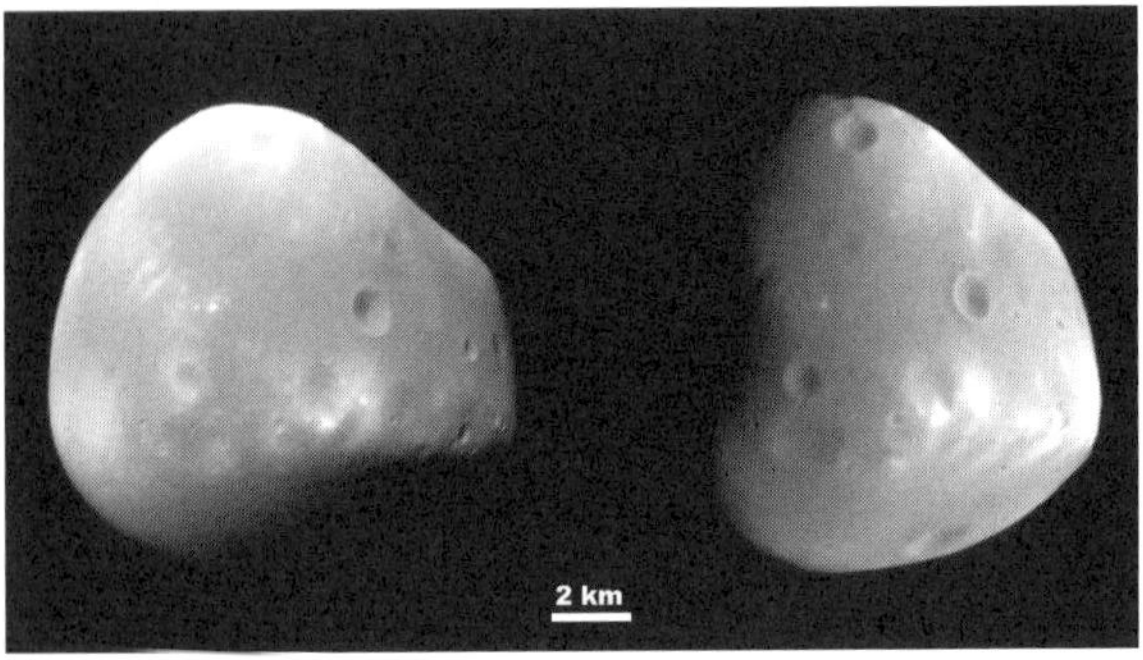

（出所：NASA）

ォボスの軌道は火星を中心として半径9370キロメートル程度ですから、いくら火星が地球より小さいといっても地球の月は軌道の半径が30万キロメートルもありますから段違いに近いといえます。それだけ近い軌道で回っている衛星ですから、火星の緯度の高いところ（北極や南極により近づいた場所）へ行くと、実はフォボスは見えなくなってしまいます。あまりに半径の小さな軌道なので、火星の極に近い方へ行くと地平線の下になってしまうので見えなくなるのです。

　ダイモスはただでさえフォボスより小さい上に軌道が離れているので、火星表面からはわずかに点より広がった程度の大きさの明るい天体としてしか見えません。どちらにしても地球の月とは全く見え方や大きさが違います。火星に人が住めるようになったとしても、ちょっとお月見は無理そうですね。それに地球では月と太陽の大きさがほぼ同じに見えることで皆既日食のような現象が起こりますが、火星では衛星が小さすぎて、とても皆既日食は起こりません。

次の火星接近は2022年12月

このように火星は地球に近い上に大気もあり季節もあり、地形の種類もいろいろあるので研究者の数は多いのです。「惑星科学」という学問で研究者をしている人の中で特に火星の研究をメインにしている人は多いといいます。自前で観測機や着陸機を上げてデータを取っている欧米では特にそういう状況のようです。

読者の皆さんはいかがでしょう?　今度の火星の接近のときに望遠鏡で火星を観測してみてはいかがでしょうか。きっと赤い星にいろいろな模様がある不思議な天体があなたの目に見えるはずです。次の接近は2022年の12月で、このときの距離は接近といってもかなり遠目ですが、それでも夜空に明るく輝く火星は見えますし、望遠鏡を使えばこの赤い星を観測することができます。この次の大接近は10年以上先で2035年まで待たなければなりません。

でも、地球と火星の距離は接近ごとに少しずつ近づいていきますから、約780日ごとに起こる火星の接近のときには夜空に輝く赤い星を見たり、できれば望遠鏡でご覧になることをおすすめします。だいたい2年ちょっとに1回は接近があるわけですから、それに合わせて望遠鏡を用意して待ち構えるというのもきっと楽しい経験になると思います。

第2章　火星観測の歴史

星座の中での動きに地動説のヒントがあった

この章では火星の観測が今までどのように進んできたのか、簡単にまとめることにします。

私たち人類は、新しい研究手段を開発することで新たな知識を得て科学技術を進歩させてきました。科学技術の進歩はすぐに新たな種類の観測装置や望遠鏡観測の精度向上などいろいろな面で天文学の観測それ自体のレベルを引き上げてきました。そして究極の観測として、火星探査機を現地に送るという段階に達しています。これらの探査機は、たとえば火星全域の地図を作成したり、地表を走る自走探査車で火星表面の状態や岩石の調査を行うようになっています。

それでは火星という星がどのように研究されてきたのか、その歴史を紐解いていくことにしましょう。

まず最初に、望遠鏡も何もなく人々が恒星（秒速30万キロメートルで飛ぶ光が1年かかって届く距離という「光年」と呼ばれる単位で遠く離れたところで輝く太陽です）で形作った「星座」と火星のそれら星座の中での場所と明るさの変化を見て火星を知ろうとしていた時代から話を始めることにします。

火星は接近するとき、星座の中でその位置をどんどん変えていきます。一方向へと動いたら星座の中で小休止して今度は逆の方向へと動き始めます。他の惑星も実は似たような動きをするのですが、火星は地球のすぐ外側を回っている惑星ですから、接近のときはとても明るく見えて目立つのです。そして、太陽の周りを軌道に乗って回るものは太陽に近いものほど早く太陽を一周りします（これを公転といいます）。

そうすると火星の接近の頃に何が起こっているかを図13に示しますが、地球より遅く回っている火星を内側を回っている地球が追い越すということが起こります。この図13をなぞって考えてみてください。星座を形作っている星はみんな光年というものすごく大きな単位で離れた星で、それらはほとんど動くことはありません（ですからそうやって天に張り付いているような恒星を使って人々は星座というものを作り上げたわけです）。

しかし惑星は恒星と比較すると遥かに近いところにいて、地球と同じように太陽の周りを公転しています。

図13　火星の順行と逆行

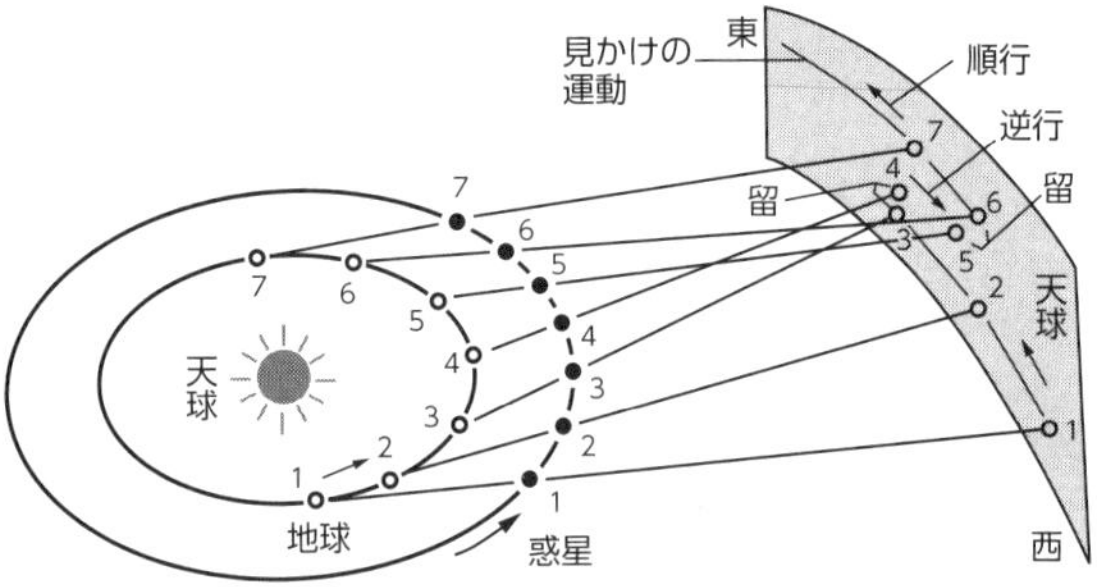

惑星の天球上の動き

そして公転のときは、太陽系なら太陽に近いものほど短い周期でわずかに楕円になった軌道を動きます（つまり公転周期が短いということです）。これは「ケプラーの法則」と呼ばれている天文学の法則の一部です。そのため接近のときには地球が次第に火星に近づいて行き、そして火星を追い越していくというわけです。

この動きを星座の中で書くとちょうど一方向に星座の中で動いていた火星が、一旦止まり今度は逆方向に動き始めます。そしてある時期がすぎるとまた星座の中で立ち止まり最初に動いていた方向へと動き出します。これを逆行と呼ぶのですが、これは太陽の周りを回っている天体全てに同じように起こります。特に火星は地球に一番近い軌道を回っているので、接近するときの明るさが目立ちます。その目立つ赤い星が星座の中をうろうろと動くわけですから、この現象をどう理解するかについて、望遠鏡が作られる前の昔の学者たちはいろいろと考えていたというわけです。

この現象は、図13のように、「地動説」（太陽を中心に惑星は回っている）で考えると説明することができます。しかし、今でこそ地動説は天文学の常識となっていますが、16世紀にコペルニクスが地動説を唱えるまでは、古くから信じられていた「天動説」（地球を中心として惑星や太陽は動いているという考え）がずっと主流でした。

星座の中での火星の動き（特に逆行現象）を天動説で説明しようとすると、相当複雑な無理のある天体の運動モデルを考える必要がありました。

その意味では、火星の星座内での動きは、地動説が理にかなっているというヒントを私たちに与えてくれたのかもしれません。

望遠鏡の発明と天文学者の活躍

望遠鏡が発明され天文学に利用されるようになると、肉眼ではあまりに小さな点にしか見えなかった火星が、ようやく面積のある天体として見えるようになってきました。

望遠鏡を天文学に初めて利用したのは17世紀のガリレオ・ガリレイですが、初期の望遠鏡はまだ精度が悪く、よく見えなかったため、火星の（見かけの）大きさの変化などを観察したという記録が残っています。火星の見かけの大きさは、地球と火星の距離が変わることによって変化するので、この成果も天文学的にもちろん重要です。17世紀の望遠鏡での火星観測は、まずこのレベルから出発したというわけです。

17世紀のうちに望遠鏡は次第に改良され精度も上がってきました。そこで天文学者たちは火星という星の表面にどんな模様があるのかを調べ始めました。そのときに極冠などの白く目立つ地域やいくつかの暗く見える地域があることが発見されました（図14）。

オランダの天文学者ホイヘンスは火星の特定の模様を目印にし、その動きを観測することで、火星の自転周期を測定しました。その結果、火星の自転周期が、地球とほとん

図14　望遠鏡で見た火星

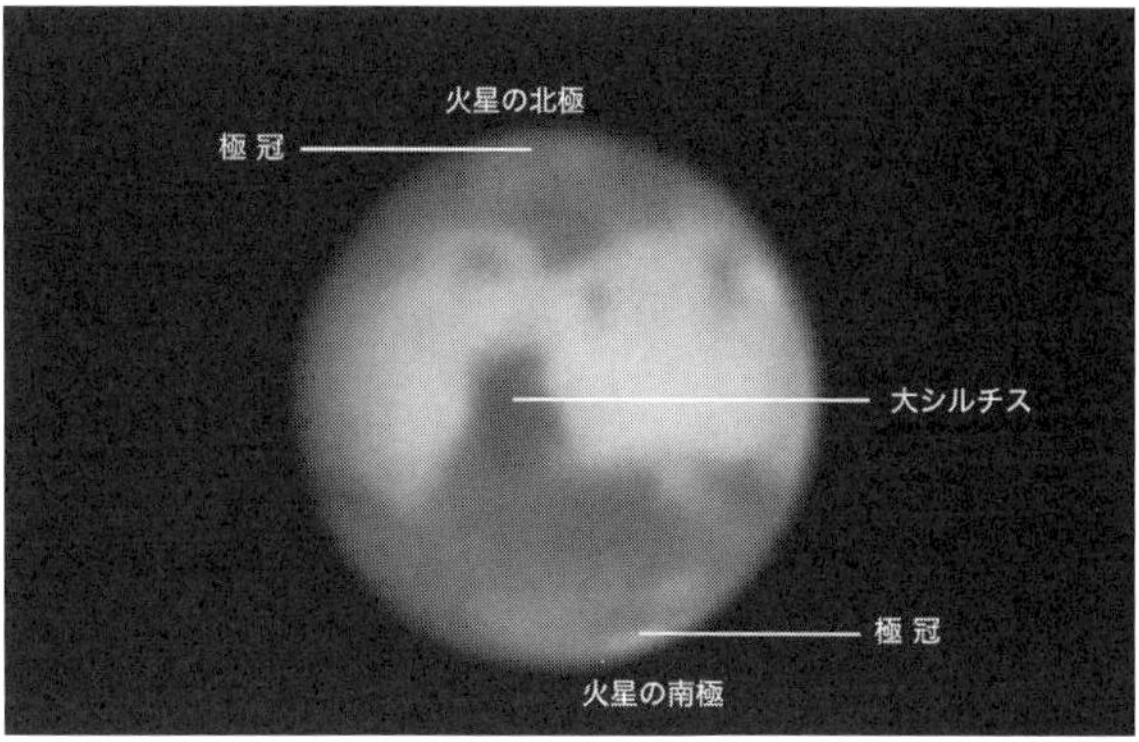

（出所：国立天文台）

ど変わりない約24時間であるのを発見しました。

ホイヘンスのあと、イタリアの天文学者カッシーニがさらに詳しく測定し、24時間40分としました。これはすごい数値で、現在知られている火星の自転周期（約24時間37分）と1分しか違いません。カッシーニの観測は17世紀半ばのものですから、4世紀近くも前にこれだけの精度で火星の自転周期が望遠鏡観測で得られていたというわけです。17世紀に使われ始めた望遠鏡という装置が、天文学という科学の発展にいかに大きなインパクトを与えたか、その一端を知ることができます。

時が流れて望遠鏡の性能が徐々に上がってきた19世紀の終わりごろ、1877年にアメリカのアサフ・ホールという天文学者が火星の周りを回る二つの衛星、フォボスとダイモスを発見しました。

ホールには、「ちょっと粋な話」があります。ホールの没後、20世紀後半にはいくつもの惑星探査機が火星の衛星に接近し、新たな地形を数多く発見しました。国際天文学連合ではそれらに命名する作業をはじめました。その時居合わせた天文学者の一部が、フォボスにある最大のクレーターに、ホールの妻の名前を名付けようとしました。彼女が火星観測をするホールを激励したという逸話が伝えられていたからです。

しかし、ホールと結婚しているので彼女の名字もホールです。そこで彼女の旧姓をつけようという話になりました。手を尽くして調べたところ、旧姓はスティックニーだったとわかり、晴れて命名に至りました。図15もあわせてご覧ください。このスティックニーは衛星フォボスでも大きく目立つ巨大クレーターです。

図15　火星の衛星フォボスの画像

（出所：NASA）

誤訳が引き起こした「運河論争」

そして火星の望遠鏡観測を紹介するにあたって見落としてはならないもう一つの「歴史」があります。それは、ある著名な天文学者が望遠鏡観測によって「火星の表面には幾何学的に広がった運河が多数ある」と主張したことで大きな論争になったという話です。この「運河論争」は、ある意味私たち人類が火星という星をどう思っているのかを反映しているといえるかもしれません。以下にこの「運河論争」についてお話ししましょう。

これは19世紀の後半から20世紀にかけて

図16　スキャパレリの火星地図

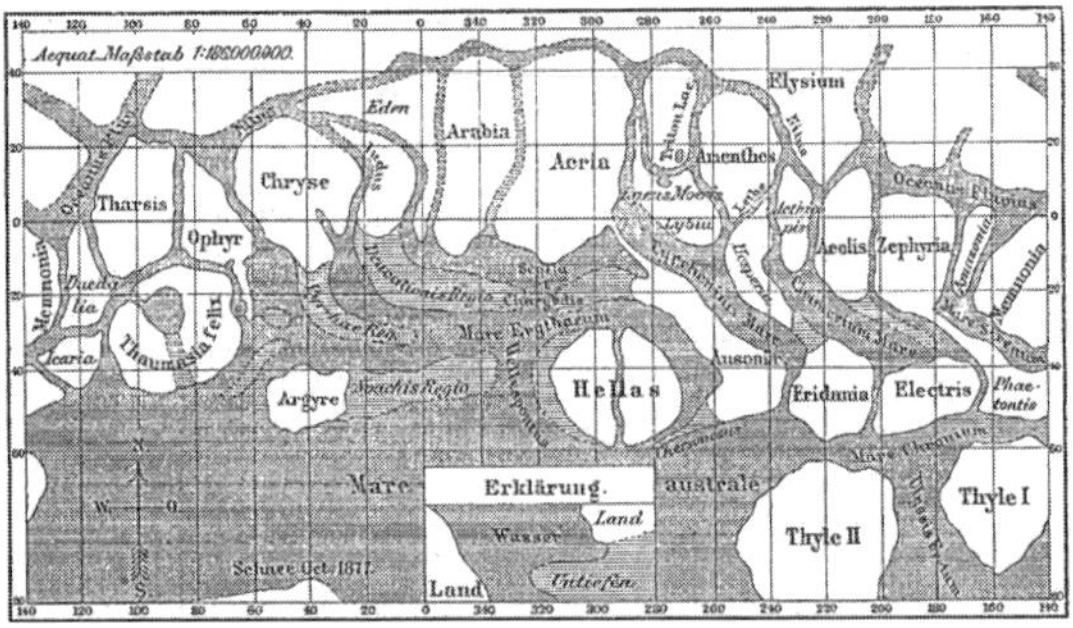

（出所：Wikipedia「Martian cahal」）

の話です。

19世紀後半、1877年にイタリアの天文学者であるジョヴァンニ・スキャパレリが当時の望遠鏡で火星を観測し、彼は火星の中緯度地方に網目状の線が見えるというスケッチを提示しました（図16）。この頃はまだ写真撮影は無理だったため、火星の表面観測の結果はスケッチとそれをまとめた地図の形で示すしかありませんでした。スキャパレリはこれらの網目状に見える線をカナーリ（溝）と名付けていたのですが、それが英訳されるときにカナル（運河）という人工物とも解釈できる語句が用いられました。この誤訳に近い英語への翻訳が後に大論争を引き起こすきっかけになりました。

当時は望遠鏡観測で火星に薄いけれども大気がある（望遠鏡で倍率を上げると縁がわずかにぼやける）ということが確認されていました。さらには水蒸気がその大気に含まれるかどうかについてもいろいろな観測がなされました。しかしこの観測をしようとすると、どうしても地球の大気を通しての火星観測になるので、地球大気の影響があるのではないかと疑念を持つ天文学者もいました。

それでも火星の観測者たちはスキャパレリの地図に注目していました。線状に見えるものは本当に自然現象だけで作られたのだろうかと疑問を呈する人もいました。その一方で、これは（当時の）望遠鏡の解像度が充分でないため小さな地形の集まりを線と誤認しているだけではないかという主張も出てきました。

しかし、先に述べたように、なまじスキャパレリが名付けたカナーリ（溝）というイタリア語の単語がカナル（運河）と英語訳されてしまったばかりに、これらの地形が自然現象だけでできたのかどうかという論争が英語圏の国（主にアメリカ）で広がってしまったというのは事実です。

図17　ローウェルの火星地図

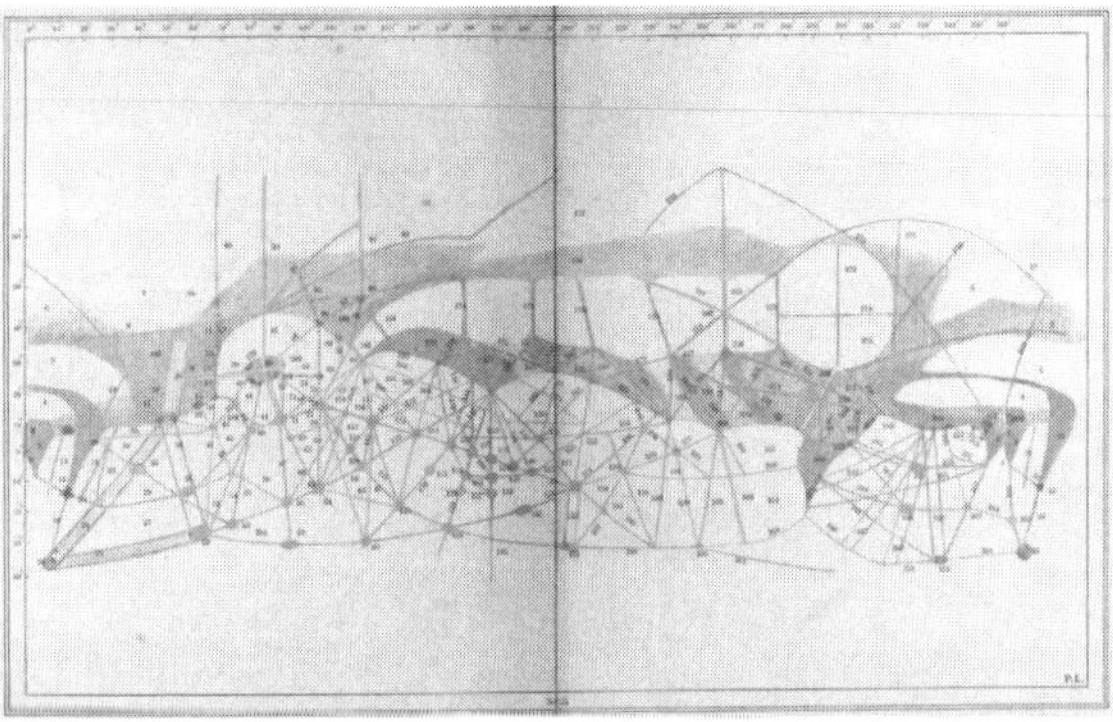

（出所：Percival Lowell『火星』）

その論争をさらにややこしくしたのが、アメリカの天文学者パーシヴァル・ローウェルでした。彼はアリゾナ州フラッグスタッフに私財を投じて建設したローウェル天文台の望遠鏡で火星観測に没頭しました。

そして火星に「運河」が数多くあるという地図を発表しています（図17）。その上彼は、これらの「運河」は人工的（つまり火星に知的文明があったという意味になります）なものだという見解まで出しました。当然ですが、このローウェルの主張は多くの学者たちから激しい批判を浴びることになりました。

もっとも、ある意味では彼がその説を唱

えたことが、一般の人たちの口からも「火星人」という単語が出るようになるきっかけになったといえます。

火星の「運河」に関する議論で研究者たちが問題にしたのは、そもそもローウェルの見た「運河」は本当に線状の明確な地形だったのかということでした。そして観測機器の技術が発達し天体望遠鏡の口径が大きくなるにつれて（口径が大きくなると望遠鏡の解像度は飛躍的に上がり、より細かいものが見えるようになります）、スキャパレリやローウェルが彼らの火星地図に残した、網目状の「運河」のような地形はないということが明らかになってきました。これは暗い小さな点のような地形が多くある地域を低い解像度で観測すると、見る人によってはそれを「線」として認識してしまうという説明が一番妥当だと考えられています。

ですから望遠鏡の口径が大きくなり、解像度が上がっていくにつれて「運河」と呼ばれた線状の模様は存在しないことがわかってきたというわけです。

そして1960年代から始まった火星探査機による火星表面の地形観測により、「運河」と呼ばれるような特別な地形はないということが明確になりました。

ところで火星の「運河論争」についてこのように書いてくると、パーシヴァル・ローウェルという天文学者は「変なことをいうトンデモ学者」だと読者の方は思われるかもしれません。しかしローウェルは天文学に大きな功績を残しています。彼の名誉のためにも天文学の歴史上欠かすことのできない業績について触れておきたいと思います。

ローウェルが生きていた20世紀初め、太陽系の惑星は海王星までしか発見されていませんでした。しかし海王星の軌道を精密に計算するとその外側にも惑星があるはずだという説も出されていました。

ローウェルは「惑星X」と呼ばれていたその存在を彼自身の計算で位置を予想し、それにしたがって観測を行っていたクライド・トンボーというアメリカの天文学者が1930年に冥王星を発見したのです（1章に記したように今の冥王星は準惑星に区分されていますが、発見当時は惑星でした）。ちなみに冥王星は英語でプルートー（Pluto）と呼ばれますが、この命名には冥王星の位置予測をしたパーシヴァル・ローウェル（Percival Lowell）のイニシャルを含める意図があったといわれています。

火星探査計画の歴史

20世紀も半ばを過ぎるとロケットの開発が本格化し、それは米ソ間の宇宙開発競争の様相を呈してきました。アポロやソユーズのような有人機は当然ですが、実は火星探査でも両国が競争するかのように次々と探査機を上げていったという時期があります。人間を載せた宇宙船の打ち上げ、そして次に月への無人機の着陸やアポロ計画に代表されるような有人着陸も行われました。

ちょうどこの時代から、アメリカも旧ソ連も目標を月だけにせず、金星や火星にも無人の探査機を送り込んで多くの情報を得ようとしました。これもある意味「宇宙レース」の一環だったのかもしれませんが、アメリカや旧ソ連の打ち上げた探査機により、世界の科学者はこれらの惑星について多くの知識と情報を得ることができました。

ここでは、１９６０年代から始まった火星探査計画（探査計画のことを普通はミッションと呼ぶので以降は探査計画をミッションと記述します）について紹介します。

火星（金星も同様ですが）ミッションは、月ミッションとはかなり異なる状況で探査機を運用することになります。特に大きな問題点はその飛行時間です。月でしたら数日程度で接近させることができますが、火星ならば数カ月程度は飛ばないとたどり着けません。これは火星探査機が、地球の太陽を回る軌道から徐々に軌道半径を大きくしていき火星軌道の軌道半径にたどり着くタイミングで火星がちょうどその位置にいる、という条件を満たさなければなりません。そう考えると、このようなタイミングで火星に到達させるために探査機を打ち上げることのできる時期（これをLaunch Window、普通は単にウインドウと称します）は限られた特定の期間だけということになります。火星探査機打ち上げのウインドウは、約780日ごとにやってきます。そのため火星探査機の打ち上げはほぼ2年毎に行われています。

その次に大きな問題点は、地球が太陽を回る軌道を振り切って飛ばす必要があることから、出力が非常に大きいロケットを精密な時間管理のもとで打ち上げなければ、ロケットに乗せた探査機を正確な軌道に乗せることができないということです。そのため1960年代の火星ミッションでは、打ち上げ自体が失敗してしまうというケースが多く起こっています。

そして探査機を宇宙に送り出しても、今度はその長い飛行時間の間、地球を離れ太陽や銀河から湧き出してくる放射線をずっと浴び続けることになります。初期の惑星探査機の場合、どうしてもこの放射線の連続照射に電子機器の配線などが耐えられないことが多かったことも事実です。このため打ち上げ後に通信途絶でミッションが失敗したケースもあります。

ここからは、時代を10年単位で区切って1960年代、1970年代という書き方で火星探査ミッションの様子を見ることにしましょう。

①1960年代

この年代、旧ソ連のミッションでは探査機の打ち上げ失敗や通信途絶が何度も起こっています。アメリカもマリナー3号が1964年に打ち上げ失敗に終わっています。

この年代でミッションとしてわずかでも目標を達成したといえるのは、旧ソ連が1962年に打ち上げたマルス1号で、これは打ち上げ後4カ月半程度で通信途絶になって

図18　マリナー4号が撮影した火星の地表

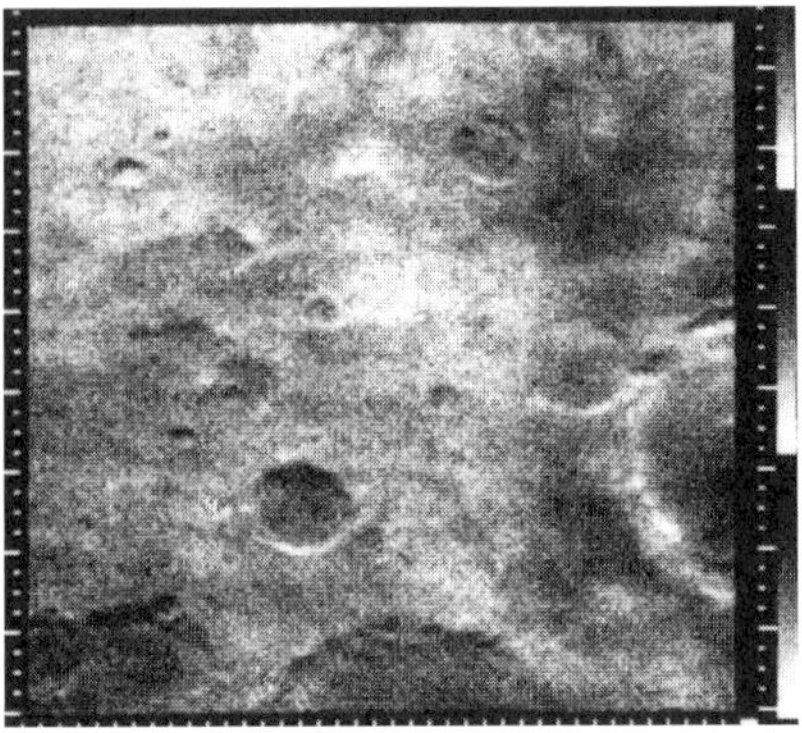

これが人類が初めて見る火星のクローズアップ。
(出所:NASA)

しまいましたが、投入された軌道を計算した結果、この探査機は火星の近く（約19万5000キロメートル）を通過したと推測されています。

これは人間が作り上げた物体が初めて火星をかすめて飛んだケースとしてあくまでも「最低限の成功」というところでしょう。

このように天体の周回軌道に入らず、近くをかすめるように通過することをフライバイと呼ぶので、このマルス1号は人類初の火星フライバイミッションといえます。

そして1964年に打ち上げられたアメリカのマリナー4号はより近く、火星から約9850キロメートルの距離をフライバイし、史上初となる火星表面の画像22枚と大気や磁場に関する情報を地上へと伝送してきました（図18）。人類はこのマリナー4号の画像で初めて火星の地表面を観察することができたのです。

さらにアメリカは1969年のマリナー6号と7号を1カ月の時間差で立て続けに火星へと打ち上げ、それぞれ火星から約3500キロメートルの距離でフライバイし、両ミッションあわせて火星全域の約20％をカバーする100枚以上の画像を撮影しました。そしてもちろん、先にも書いたようにこれらの探査機の撮影した画像に「運河」は写っていませんでした。

②1970年代

1970年代初期は、旧ソ連がマルス計画として2号と3号のペアを1971年に打ち上げるなど、火星着陸を目指して集中的に打ち上げました。

これは、同じウインドウで打ち上げられたアメリカのマリナー8号、9号（8号は打ち上げ失敗）の直後に火星周回軌道に投入することに成功したものです。

マルス2号は着陸機を投下しましたが、通信途絶で墜落しました。しかし、墜落とはいっても初めて人工物を火星表面に到達させた探索機という意味では快挙でした。さらにペアで同じウインドウ内で打ち上げられたマルス3号は、着陸機の投下と着陸に成功しました。ただ、地表の気象条件が極めて悪く強い砂嵐が吹いている状況でした。そのためだと推察されていますが、着陸確認の送信後わずか20秒で通信が途絶してしまい、それっきりになってしまいました。

旧ソ連は1970年代前半に不完全ながら軌道周回機から着陸機を投下して「人工物」を火星に落とすというミッションを世界で初めて成功させたといえます。これ以降、旧ソ連は1973年のウインドウにマルス4号から7号まで一気に打ち上げました。4号はフライバイには成功したものの火星周回軌道には入れず。5号は火星を22周する間に地形の画像を撮影しました。6号は着陸機の軟着陸に成功しましたが、着陸直後に通信途絶となりました。7号は周回軌道に投入失敗してしまいました。

一つのウインドウに4機の探査機を打ち上げるというのは非常に気合の入った計画だ

図19　マリナー9号が撮影した火星の表層

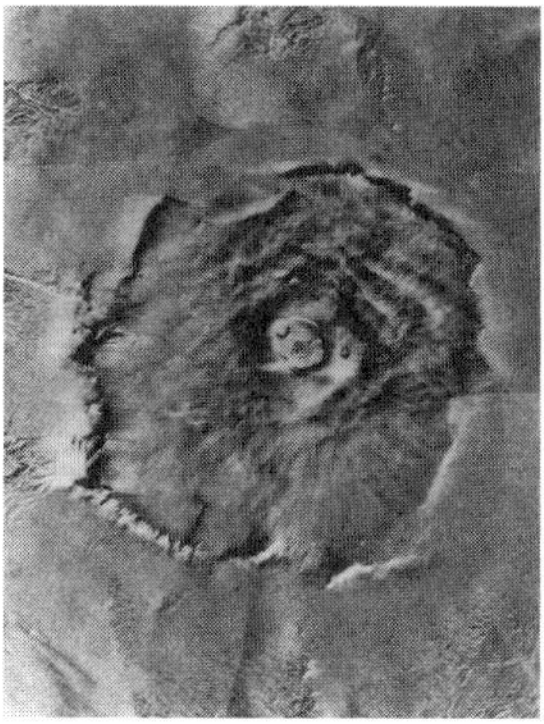

4号と比較して明らかに解像度が上がっているのが分かります。
これは火星最大の火山、オリュンポス火山です。（出所：NASA）

ったと思いますが、ほとんど成果が出なかったというのはあまりにも不運なことだと思います。

一方、それらと同時期の１９７１年に、アメリカはマリナー８号と９号のペアをウインドウに打ち上げました。８号は打ち上げ失敗でしたが、９号は前に書いたとおり火星周回軌道に乗り火星表面の撮影に特化したミッションを行い、最終的には火星表面のほぼ70％を撮影することができました（図19）。

ちょっとだけ話がそれますが、マリナー計画は金星と水星の探査に打ち上げられた10号の後、ミッションが見直されることになりました。

それに伴い、木星以遠の惑星探査のために準備されたマリナー11号と12号は徹底的に改良が重ねられた結果、ボイジャー1号、2号と改名されて打ち上げられました。これら2機が木星や土星の画像を送ってきたのを新聞や雑誌などでご覧になった方もおられると思います。ボイジャーは「改マリナー」探査機でもあったというわけです。

火星に話を戻します。1972年のマリナー9号による大部分の火星地表の撮影と地図作成が、1970年代半ばにアメリカNASAが火星着陸を目的として打ち上げを準備した、バイキング計画へとつながることになります。

1975年の8月と9月にペアとしてバイキング1号と2号が打ち上げられました。どちらも火星周回機が独立して火星表面などを観測する一方で、着陸機は地表に降り、地震観測などを行いました。着陸機が行うサンプリングにより生命活動の痕跡を探る実験が一つの目玉でしたが、1号機はサンプラーの展開がうまく行かず、2号機は着陸脚の一つが岩の上に降りて全体が傾いてしまったこともあり、目立った成果は出ていないようです。

図20　バイキング2号着陸機から見た火星の風景

（出所：NASA）

しかし軌道周回機も着陸機とともに火星表面で長生きしました。いずれも１９７６年に火星に到着し、２号の周回機が３年で交信不能になったものの、他の１号周回機と着陸機、２号の着陸機は１９８０年から１９８２年まで稼働しました（着陸機から撮影された画像を図20に示します）。また周回機については１号が衛星フォボス、２号が衛星ダイモスの観測を行うことになっており、両衛星についてかなり詳細な画像が得られています（フォボスの例は図15です）。この画像でわかるように、大きなクレーター、スティックニーがとても目立っています。

先に降りた旧ソ連の探査機が着陸後数秒で交信途絶となってしまい、あとから降りたバイキングが長持ちしたということもあり、ＮＡＳＡのバイキング計画のホームページには「ソ連は降りたとしてもいずれも数秒しか持たなかったからあれは着陸成功とはいえない。バイキングこそ世界初の火星着陸機だ」と自分らの成果を誇る但し書きがあります。

なお、バイキングによる生命体探査として炭素同位体の実験は特筆すべきものです。これは、着陸機に搭載したシャベルで火星地表の土を回収し、放射性元素になった炭素を混ぜた液体（養分）に浸すことで、もし土の中に生命がいたら、その「吐く息」に炭素同位体が含まれるはずという理論に基づいたものです。実際に土壌サンプルの中から炭素同位体がガスとして検知されました。

しかしこのデータの解釈としては、火星の表土にある過酸化物などとの反応のために二酸化炭素が出ただけだという意見が優勢で、この結果が火星の生命活動を明確に示唆するというものにはなりませんでした。

ただし、バイキングのこの実験データは21世紀になっても一部の研究者たちが解析を続けており、解析結果の発表が今もなお続けられています。

ミッション実行当時、筆者は中学生でした。ネットなどもちろんなかったので、日本の天文雑誌を一通り読んだら、次に洋書を売っている本屋に行ってアメリカの天文雑誌を買い込んで、それを辞書を引き引き読むことで、かろうじて情報収集をしていたのを覚えています。

③１９８０年代

実はこの年代、火星探査はほとんど実施されませんでした。ミッションはどうしても国家的なプロジェクトになりますから、アメリカの場合は大統領が変わるたびに方針が変わるのが通例でした。これは今も変わらない構図でもあります。

旧ソ連の方は80年代前半に金星探査機ベネラ13（１９８２年）から16号（１９８３年）や、ハレー彗星の観測を目的としたベガ1号と2号を１９８５年に打ち上げています。

この年代はアメリカは音なしの状態で、旧ソ連は金星探査とハレー彗星探査に集中していた観があります。しかし金星は地球より太陽に近い上に分厚い大気層があります。そのためレーダーで表層を見るしか方法がなく、地上に降りても1時間程度しか動かなかった旧ソ連の着陸機が多かったのですが、探査機の一部はデータステーションとして作動し、さらに気球の打ち上げにも成功しました。ただ、こと火星探査については探査機がとても少ない年代でした。

アメリカは火星探査を実施せず、旧ソ連が打ち上げたフォボス1号と2号（1988年打ち上げ）がほぼ唯一といってもいい火星ミッションでした。1号は火星に向かう途中で通信途絶、2号はかろうじて火星周回軌道に入ったものの、名前通りに衛星フォボスを詳細観測することはできませんでした。火星（太陽の当たる面の反対側、つまり夜側です）から酸素が流出しているという世界初の発見で、唯一大きな功績がありましたが、その直後に通信途絶となり、このミッションも終わってしまいました。

このように、アメリカは政府（あるいは大統領）の方針のため、一方の旧ソ連は80年代後半に国が一旦崩壊して再度成立するというまさかの状況でしたので、ほとんど何もできなかったというのが正直なところでしょう。

結果的に惑星探査がストップした1980年代は、地球周回衛星が動き出した年代でした。80年代後半、国だけでなく、ベンチャー企業などが衛星打ち上げに参加し始めました。これらの企業が続く90年代に本格的に起動し、打ち上げロケットや衛星制作に動き出したわけです。

数多くの宇宙ベンチャー企業が次々と自前の衛星を作り、自前のロケットで衛星を飛翔できるようになり、それが現在にも続いています。こうしたベンチャーの立ち上がりがこの80年代という時代でした。

それらの多くは地球周回がやっとという実力だったので、主に地球観測衛星としての需要が多かったのはしかたないでしょう。それゆえ放送や気象衛星、一部の偵察衛星などを打ち上げていました。

これは一見火星探査とは関係ない話に思えるかもしれません。しかしこうして立ち上がったベンチャーが後の時代で打ち上げロケットの提供や有人宇宙飛行テスト（周回ではなく弾道飛行ですが）という、21世紀の宇宙開発に欠かせないプレーヤーとして変化していきました。

すなわちこの80年代は、「宇宙開発＝国家的プロジェクト」という構図が次第に崩れ始めた時代だったということができます。

１９８０年代の10年は火星探査ミッションについては不遇の時代だったと言えるでしょう。でも、この10年については火星よりも金星探査やハレー彗星探査、そして民間の宇宙ベンチャーが少しずつ動き出したという意味で非常に重要な時代と考えるのが妥当だと筆者は思っています。

④１９９０年代

90年代に入ると、アメリカが集中的に周回観測機や着陸機、そして火星表面を走る自走観測車（ローバー）を投入するようになりました。また日本もＪＡＸＡ統合前の文部省宇宙科学研究所（ＩＳＡＳ）が98年に初めての火星探査機、ＰＬＡＮＥＴ－Ｂ（「のぞみ」と命名されました）を鹿児島宇宙センター（種子島ではありません。ＩＳＡＳの打ち上げセンターは鹿児島県大隅半島の肝付町内之浦にあります）から打ち上げました。

90年代は、まるで80年代の反動のようにアメリカの探査機がとにかく多いので、打上年の順に並べて解説することにします。

●マーズ・オブザーバー（Mars Observer）１９９２年
打ち上げ後1年弱の時点で燃料関係のトラブルで探査機が爆発してしまいました。

●マーズ・グローバル・サーベイヤー（Mars Global Surveyor）１９９６年
火星周回軌道に入り、火星の全面観測に成功。詳細な地図の作成に成功しました。最終的に２００６年まで活動しました。

●マーズ・パスファインダー（Mars Pathfinder）１９９６年
１９９７年に着陸機ソジャーナ（Sojourner）の軟着陸に成功。この着陸機は２カ月間ほどの実働中に周囲の画像撮影と地質データを取得しました。

●マーズ・クライメイト・オービター（Mars Climate Orbiter）１９９８年
名前の示すとおり、火星大気の詳細調査により気候について研究データを得るための衛星でしたが、１９９９年に火星周回軌道への投入に失敗し、探査機は地上へ墜落してしまいました。

●マーズ・ポーラー・ランダー＆ディープ・スペース２号（Mars Polar Lander & Deep Space 2）１９９９年
１９９９年にポーラー・ランダーにディープ・スペース２号を搭載して一緒に打ち上げられましたが、火星到着後、着陸に失敗しランダーからの情報は得られませんでした。

●マルス96（Mars96）１９９６年
ロシアがこの期間に打ち上げた唯一の火星探査機ですが、残念ながら打ち上げに失敗しました。

●「のぞみ」（PLANET-B）1998年

日本の文部省宇宙科学研究所（当時）がM－5ロケットで打ち上げた火星の上層大気観測を目標にしたミッションです。ただし2003年に通信機器の故障が起こり、最低限の通信しか行えなくなりました。探査機の状態については、この最低限の通信でなんとか把握できましたが、観測その他は全くできなくなり最終的には火星から1000キロメートル付近をフライバイしたあと、地上から最低限の軌道修正コマンドを打ち、探査機の火星墜落を防ぎ、探査機の機能を停止しました。その後の「のぞみ」はほぼ火星と同じ軌道で太陽の周りを回るようになりました。

なお日本（JAXA）では将来的に火星の二つの衛星を調査する探査計画が立てられています。

⑤2000年代

この年代は旧ソ連（ロシア）が火星探査から抜けてしまっています。その代わりに欧州宇宙機関（European Space Agency: ESA）が火星探査機の打ち上げに加わってきます。アメリカは相変わらず次々に火星探査機を打ち上げ続けています。

それでは以下にアメリカと欧州（ＥＳＡ）の火星探査ミッションについて時系列に並べてミッションの概要を記していきます。

●２００１マーズ・オデッセイ（2001 Mars Odyssey）２００１年

２００１年打ち上げ後火星の周回軌道に入り長期にわたり衛星軌道から地形や地質観測を継続しています。ちなみに探査機の名前はアーサー・Ｃ・クラークの著名なＳＦ小説「２００１年宇宙の旅」（2001: A Space Odyssey）にちなんで名付けられています。この探査機は何と火星周回衛星としては最も長い寿命を保ち続け、この原稿を書いている２０２１年現在でも他の着陸機の電波中継などの業務を行っています。

●マーズ・エクスプロレーション・ローバー（Mars Exploration Rover: MER）２００３年

ＭＥＲには2機の探査機ＡとＢがあり、いずれもローバー（自走探査車）を火星で走らせ、水がかつてあったと考えられる痕跡を調査することに重きが置かれていました。もちろんこの一環で周辺の岩石や地質の調査も行うように設計されていました。ＭＥＲ-Ａは「スピリット（Spirit）」というローバーを搭載し、２００４年に火星で起動した後２０１１年まで観測活動を続けました。ＭＥＲ-Ｂは「オポチュニティ（Opportunity）」というローバーを搭載して２００４年の着陸後活動を開始しました。このローバーも寿命が長く２０１８年まで観測を続けました。

●マーズ・エクスプレス（Mars Express）２００３年

これは欧州宇宙機関（ＥＳＡ）の火星探査ミッションです。実際には周回観測機と着陸機の組み合わせで打ち上げられています。火星到着時に着陸機を投入しましたが、こちらは残念ながら通信途絶となり失敗しました。ただし周回軌道で観測を行う母船の方は今もなお火星観測を続けています（図21）。

図21　マーズ・エクスプレスが撮影した火星表面

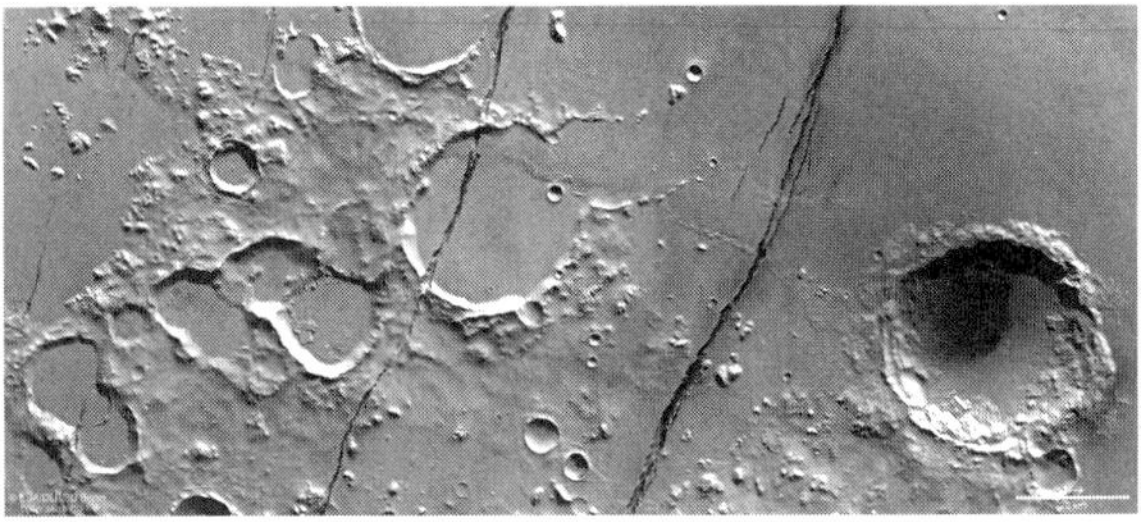

（出所：ESA）

●マーズ・リコネサンス・オービター（Mars Reconnaissance Orbiter）２００５年

　この探査機は火星周回軌道から火星表面の詳細観測を行う目的で打ち上げられました。そのため一度楕円形の火星周回軌道に入ったあとで、次に火星の大気を利用するエアブレーキを初めて利用し軌道変更を行い、火星を詳細に観測できる軌道に移行しました。その意味では、探査機の名前の通り火星の表面地形をReconnaissance（偵察）できたというわけです。

●フェニックス（Phoenix）２００７年

　この探査機はアメリカ初の特殊な体制で

組まれたミッションです。ＮＡＳＡが作ったのではなく、ＮＡＳＡはあくまでも管理監督のみで、実際の開発はアリゾナ大学の月惑星研究所が中心となり、カナダ宇宙庁や航空宇宙業界の企業の協力も含めて制作されました。

これは最初から着陸機とローバーのみの構成で、北極域の氷（大半はドライアイスで水は一部ですが）を調査し、火星が微生物が生きるのに適切な環境下にあるかどうかの検証を目標としていました。

現在地球周回衛星では、民間が作った衛星を民間のロケットが打ち上げるのが当たり前になっていますが、フェニックスは当時では珍しく、ＮＡＳＡ主導の計画ではなく、大学があちこちと組んでスタートした計画の管理監督をしただけという変則的なミッションです。

フェニックスにおいてＮＡＳＡは単に監督者であって、あとはアリゾナ大学（最高責任者、プロジェクトマネージャーもＮＡＳＡの研究者ではなくアリゾナ大月惑星研究所のピーター・スミス氏が選任されています）が中心となって、ローバーを作り上げました。ローバーには、地表の精密観測のためロボットアームだけでなく顕微鏡や電気伝導

図22　フェニックスから見た火星表面

（出所：NASA）

度の測定器なども搭載されていました。

火星の冬は越せないと見込まれていたため、フェニックスの当初目的では、ローバーの稼働期間は3カ月程度という設計でしたが、実際はそれよりも長く5カ月程度の観測を実施できました。

⑥2010年代（～現在）

2010年以降、本稿執筆時点までにNASAが4機打ち上げています。さらに、初のインド、中国の探査機と着陸機、ローバーが稼働しました。また、日本が打ち上げを請け負ったUAE（アラブ首長国連邦）

の探査機が火星へ向かいました。

●マーズ・サイエンス・ラボラトリー（Mars Science Laboratory）２０１１年

これは火星表面を走るローバー、キュリオシティ（Curiosity）を搭載して、火星の地表を探査するミッションです。このローバーの特徴は、ドリルを搭載して岩石に穴を彫り、表面ではなく内部にある部分のサンプルを取得しました。ちなみに、火星探査機の中で、火星を掘削したのはこのミッションが初めてです。

また、今までに火星に降りたローバーの10倍近くの重量があり、大量の科学観測機器を搭載していました。大変長命のローバーで、ＮＡＳＡのホームページを見ると、２０２１年5月現在の最新の画像が掲載されています。

●メイヴン（Mars Atmosphere and Volatile EvolutioN）２０１３年

ＮＡＳＡの火星ミッションですが、もともとはＮＡＳＡが計画していたマーズ・スカウト計画の一部でした。ただマーズ・スカウト計画が中止になったため、すでに開発が進んでいたメイヴンは打ち上げられました。

これは、かつて旧ソ連のフォボス探査機が発見した火星の大気の宇宙への流出状況について詳細な調査研究を行うミッションです。大気の状態の観測機ですから着陸機ではなく軌道周回機だけの探査機です。

特に上層大気の状況観測のために大気観測用の質量分析器や、太陽風との反応を見るために太陽風の強度観測機なども搭載して、火星の高層大気で太陽風との反応で何が起こっているのかを調査するミッションでした。

2015年にオーロラなどを発見したというプレスリリースが出ています。やはり高層大気観測専門のミッションなだけありますね。

●マーズ・オービター・ミッション（Mars Orbiter Mission＝MOM）2013年
これはインドのミッションです。インドは月についてはすでに探査機を上げていたのですが、とうとう火星にまで行ったのかという感じです。

通称マンガルヤーン（「火星の乗り物」）と呼ばれているこのミッションは2013年

12月に打ち上げられ、翌年火星周回軌道の投入に成功しました。これはインド初ということもあり、惑星探査機のテストという意味合いが強いように思えます。

このミッションには凝った観測項目があるわけではありませんが（地表の地質学的観測、生命活動に関連するメタンの存在の有無のチェックなど）、インド初の火星探査として、打ち上げから軌道投入、周回軌道への投入と、カメラでの火星撮影に成功しました。

●アル・アマル（al-Amal）２０１４年
これはアラブ首長国連邦（ＵＡＥ）の火星探査機です。この火星探査機は２０２０年7月、打ち上げを委託された日本がＨ－ⅡＡロケットにより種子島宇宙センターより打ち上げました。２０２１年、無事火星周回軌道に入りました。現在は搭載機器を用いた観測が始められています。

●インサイト（Interior Exploration using Seismic Investigations, Geodesy, and Heat

Transport=InSight）２０１８年
ＮＡＳＡの地震計と熱伝導率の観測機を搭載した着陸機で、地殻の現在の運動について調査するためのミッションです。ネットを見る限り地震計の方では多くの地震を観測したという記述があります。
２０２１年現在も稼働中で、地震と地殻熱流量を測定して火星の表面地殻の状態を解明するためのデータを取り続けています。

●パーサヴィアランス（Perseverance）２０２０年
このミッションは、かなり派手なミッションだったかと思います。この探査機の特徴は、着陸機にローバーを搭載しているだけでなく、さらにその安全な経路を偵察する目的で太陽電池で駆動するヘリコプター（ドローン）を搭載していることです。

このヘリコプターの飛行については動画がいろいろ公開されています。筆者もNew York Times電子版にデカデカとヘリコプター飛翔の動画が入っていたのには驚きました。さすがに電子版新聞ならではです。なおホームページでは、ヘリコプター飛翔の３Ｄ動画まで公開しています。

ローバーの主目的は、微生物の捜索、または微生物が存在できた可能性のある痕跡を火星地中に発見することです。つまり地質だけでなく生命調査にかなり特化したミッションです。

ヘリコプターの飛翔はこの原稿を書いているつい数日前のことなので、ヘリコプターが本当にローバーに役立つ偵察の役割を果たせるのかどうかはまだわかりません。いくら地表面でも気圧は低いわけで、確かにいわれてみると「どうしてヘリは飛べたんだ？」というのは気になりますし、これから議論の応酬が続くかもしれません。

大気圧が地球の1％にも満たないということでしたから（着陸機やローバーが測定しています）、それで「そんな気圧の低いところで本当に回転翼機（ヘリコプター）が飛べるのか」という疑問が一部研究者から出されています。

いっそ大規模なチャンバーを作って室内の気圧を下げて飛ばしてみればいい（打ち上げ前の試験段階でこういうテストは必ずやっているはず）わけです。そういうテストの動画があったかどうかというのが事実確認には一番なのですが。

あるいは、局所的にはそうかもしれませんが、もしかしたら窪みとか渓谷の段差があるところなど高度が下がると、実は地表気圧が結構変わるのではないのか？　という新たな問題提起もありそうです。

●天問1号　2020年

この中国初の火星ミッションは、とても意欲的な打ち上げだったといえます。最初の火星探査機だというのに、軌道周回機、着陸機、そしてローバーを搭載するという火星観測に必要な探査機を一式投入しています。それまで月着陸で大きな実績を上げていたことの延長だと思われますが、中国がいきなり3種類の探査装置を送り込んだのは驚きでした。

ニュースでいうと、この前で紹介したパーサヴィアランスの翌日に天問1号が登場したわけで、その少し前に話題になったUAEの火星探査機の到着とともに火星に関するニュースが集中した期間でした。

今はすでに、ローバー「祝融号」が走り回って情報収集している段階でしょう。中国のミッションは成果の速報が多く出てくる傾向があり（ただし、内容がちょっと薄いという印象です）、ミッションチームの出す論文を見つけては読んでいかないと追いつけないかもしれません。

カギとなる電源供給と自律運転可能な観測機

駆け足ではありましたが、火星の観測について次の各時代に着目してご紹介しました。

（1）肉眼で観察するしかできなかった時代
（2）望遠鏡が天体観測に利用されてからの時代
（3）惑星探査機を用いた詳細な観測

火星探査の目標は地質や地形の探査や気象観測だけにとどまらず「火星に生命があったのか、それとも今もいるのか？」という疑問に対応する観測項目も多くなっています。火星隕石の研究があたえた影響はとても大きかったといえます。また太陽からの太陽風で火星高層大気が宇宙空間へ流出していることについて、火星の将来に関わる問題として、近年その調査を観測項目に入れたミッションが多くなりました。

火星に関しては将来の人類の居住を考える人が少なくありません。たしかに太陽から離れているため気温が低いのですが、薄くとも大気があるということが大きく、二酸化炭素が大半ながら、わずかに水蒸気もあることで、その観測項目が含まれたミッションになっているものもあると思います。

本書でも、後の章でこれらの観測成果をまとめつつ、人類の居住が行えるとするならば具体的にどのような形になるだろうかという課題を考えていきます。

これまで筆者は惑星探査機に関係した研究を多くしてきたこともあり、あらためてこれだけ探査計画を並べてみると、もう壮観としか言いようがありません。

ただし、探査機を使った惑星の調査は衛星軌道からの画像撮影に基づいた地図を基準にして行われます。そして着陸機はピンポイントでしか着陸することができず、さらにローバーを動かしたとしてもそれほど遠くに行けるわけではありません。

その意味では地球を観測するときのように、地表を広範囲に動くことのできるローバー（地表移動手段）がないこと、そして衛星軌道よりも低いところを飛ぶ航空機程度の高さからの地表の精密観測ができないことが大きな問題になります。

ローバーは基本的には電力で動きますから、着陸機自身も電力を供給できるだけの発電を行う必要があります。通常では太陽電池を使うのですが、大きな電力を発生させようとするとそれだけ面積の大きい太陽電池が必要になります。

その太陽電池については、「展開」が問題になります。太陽電池では板状の太陽光パネルを広げる必要がありますが、それを地球から運ぶ段階では小さく折りたたんでおき、火星の地表で展開することになります。

折り紙のように畳んだもの（これを宇宙構造物で使用する場合は展開構造物と呼びます）を作るにしても、太陽電池は紙のようには薄くはないので、そう何回も畳み込むことはできません。結局、展開構造物を用いても広げたときの大きさには限界があります。

また、面積の広い太陽電池はとてつもない質量を持つことも明らかです。大きすぎる質量の探査機は、現状の打ち上げロケットでは火星投入の軌道に入れることができません。

どのような作業手順で太陽電池を開くのかも重要です。せっかく発電用に太陽電池を配置しても大気がある以上風が吹きます。砂嵐が巻き起こることもあります。

過去の探査機でもこの砂嵐に巻き込まれたために太陽電池に太陽光が当たらなくなり発電不能で電源が落ちてしまった探査機がありました。それと同じ状況になることも充分にありえます。

拠点を建造しようと思えば、安定した電力供給ができる着陸機と、高度数百メートル程度を飛行する観測機、そして自律運転できちんと着陸機に充電に向かうことのできるローバーが必要です。

残念ながら惑星探査機はまだそこまで発達していません。それゆえ、まずは大きな質量のものをきちんと火星周回軌道に投入し、さらにはそれを火星地表に軟着陸できるだけのエンジンをもったロケットが必要ということです。

パーサヴィアランスが実演してみせたヘリコプターの実験は、純粋な科学探査ミッションという意味でも、拠点観測などの意味でも非常に重要です。地表から離陸して数百メートル程度の高度を飛びながら航空写真を撮影できれば、小さな岩の欠片も太陽光の状態によっては（つまり、適度に影ができるならばという意味です）判別できますから、ローバーが動くのに安全な経路を設定できます。前述したように、火星は大気が薄いため本当にどのくらい飛べるのか（主に高度という意味で）という本質的な疑問もありますので、実用性についての疑問は多少あります。気球の検討も必要になるでしょう。

火星に関しては、1960年代からの探査機による探査ミッションが多く実施されたくさんの発見がありました。筆者は、今後、自律運用型のローバー、ヘリコプターや気球などの探査機の役割がより一層重要になると考えています。それは、火星という惑星の起源を探るという科学的目的だけでなく、拠点作成のための観測、水探査や極冠の氷の解凍実験など火星にある資源の実利用に即した観測、詳細な地表の観測など、多くの目的に役立つことになります。

科学探査と拠点建設のための探査は別モノ

ある意味当然なのですが、現状の火星探査機で行われている観測はあくまでも「火星の科学」を調査するためのもので、「火星に拠点を作るための基礎調査」ではないということは明確にしておきたいと思います。

科学探査と拠点や現地作業（資源採掘など）を前提にした探査は似て非なるものだということです。この点を混同してしまうと、「これだけ探査機が現地に行っているんだから最低限の情報は得られているだろう」式の考え方に陥りがちです。しかし衛星軌道から得た面情報と、ピンポイント着陸した着陸機やその周辺を動くローバーの観測だけでは、規模の大きい施設や現地の物質を活用する施設などの建設情報とするには難があるでしょう。

つまり、火星になにか拠点を作ろうと思えば、そのために必要な情報を得る専門のミッションを組み上げて集中的に観測データを集める必要があります。その点では科学観測とは全く発想が違います。科学観測と拠点建設や作業拠点展開などのための探査とは本質的にミッションの内容が違う、ということだけは科学探査機がたくさん出てきた本章の終わりで強調しておきたいと思います。

そして拠点建設などに必要とされるミッションについては、第4章で触れたいと思いますので、次の第3章ではまず今までの人類の観測と研究によって火星という惑星について科学的に何がわかってきたのかをまとめていきます。その情報をベースにして最終章では、たとえば火星に住む、あるいは何らかの資源開発の拠点を作るにはまず何から始めることが必要だろうか、その点を考えることから始めていく考えです。

「火星に居住する」ためには私たちが持っているありとあらゆる科学的知見と最新技術の投入が不可欠です。かといって実際に人が住む場所で、まだ改善の余地がある新技術や、「まず間違いない」というほどの証拠がない科学的知見などを前提に活動するのは論外です。

「科学」は検証の繰り返しです。その一方「技術」は常に改良・改善が求められます。いずれにしても「最新で妥当性のある」仮説に基づいて「現状用意できるもっとも優秀な技術」を投入する必要があります。

第3章　火星の大気、地質と地形、水

火星に関する科学的観測の成果

いよいよこの章では、火星の大気についての情報や、火星全体の地質（正確には研究者が作り上げた地質のモデル）、そして極冠にあるといわれている水の存在について、多少駆け足になるかもしれませんがご紹介していくことにします。

前の章でも少し触れたかと思いますが、筆者はこの章で火星という星をより詳しく理解したいという科学的観測の成果と、いよいよ最終章で読者の皆様にお話ししようとしている、「火星に住む」という場合にそれらの情報がどれだけ役立ちそうかについて述べたいと考えています。

この章は字数が少なめですが、各国の火星探査ミッションで得られた画像などにふんだんに触れることになります。いろいろな探査機が火星に飛んで調査することで多くの知見が得られているのだということをご理解いただければ幸いです。

非常に小さい火星の大気圧

まず、火星には月とは異なって薄いながらも大気が存在しています。地球地表面での平均的な気圧は1気圧ですから、これを物理の単位に変換すると約1013ヘクトパスカルです。天気予報をテレビで見たときに高気圧はやはり周りより高い気圧（ヘクトパスカルの値が大きい）で、低気圧といわれるところは確かに1000以下を示していることがわかると思います。そして台風になると900台とはいっても並の低気圧よりもずっと低い気圧になっていますから、台風の中心へ向かって強い風が流れ込むということになります。

さて、火星には大気があるということが注目されているわけですが、その平均気圧はどのくらいになるのかというと地球表面の気圧のほぼ1000分の6、単位でいうと約6ヘクトパスカルになります。大気があると聞いて居住拠点も作りやすいかな、と思われた方にとっては相当絶望的な低気圧です。

しかし、こんな火星にも嵐が起こります。特に大きな嵐だと気圧が低いせいもあるのでしょうが、嵐が火星全体を覆いかねないほどの大きさになります。そういうときに地上から望遠鏡で見ると、さすがに真っ白な極冠は見えますが、それ以外に普段は濃淡や色の違いで見える地形模様が全然見えないということもあります。

大気が薄いと生じる問題点

この本の最後の章ではどうやったら火星に住めるだろうかというテーマで書いていきたいと思いますが、この嵐は明らかに大きなマイナス点です。風とともに表面を覆う酸化鉄に加え砂粒までも飛んできますから、嵐とはいってもこれはもう砂嵐といった方がよいかもしれません。

気圧が低いということは大気が薄いことを意味します。そして飛ばされた砂粒は大気で速度が落ちることなく周囲の突起物に叩きつけられるということです。前章でも触れましたが、着陸機の太陽電池が砂嵐のため太陽光を受けられなくなり電力不足で休眠したという例もあります。これがもし居住することになると居住区の外壁を痛めつけかねません。

大気が薄いと、いろいろな問題が生じます。火星の低大気圧でヘリコプターを飛ばすことには成功しましたが、気球を飛ばせるでしょうか。飛行船型にしておけば少なくともヘリコプターよりも少ない電源で飛べるはずです。

ちょっと脱線しますが、大気圧がとても高い金星（この惑星では大気圧が90気圧以上にもなります）では、１９８０年代に旧ソ連の金星探査機が大気圏の上層部で気球型の観測機をリリースしています。しかし、いずれも数分もせず通信が途切れてしまったという結果になってしまいました。

金星は大気が濃いのでヘリコプターよりも気球のほうが向いていると思いますが（大気の気温ですら４００℃もあります）、火星でも思い切り大型の風船とヘリウムガスを持ち込めば飛行船探査も可能になるかもしれません。

ヘリコプターだと自分を飛ばすためにエネルギーの大半を使いますが、気球は自分を飛ばすのは風船部分なので、あとは推進用の動力さえあれば空中を移動できるはずで、同じ搭載燃料でも航続距離は長くなるはずです。

もっとも、火星はせいぜい地球の100分の1以下の低気圧ですから相当大きな風船と大量のヘリウムガスを持ち込まないと難しいと思いますが、もし気球が使えるのであればヘリコプターよりも航続距離が長いだけ機動力が高いと思います（砂嵐のときにガスを抜いて格納するのはどう考えても大変な作業になるという気がしますが）。これが使いこなせれば低空飛行による地形の詳細観測が可能になります。これは居住地域を決めるのに重要な要素になるでしょう。

話を戻します。火星地表の大気圧がせいぜい6ヘクトパスカル程度で低気圧もいいところですが、その組成はどうなっているでしょうか。

地表着陸した探査機が測定した結果、二酸化炭素が圧倒的に多く大気中の分子の比率で言えば大気の95％近くを占めています。それ以外には量の多い順に窒素（2・7％程度）、アルゴン（1・6％程度）となります。

あとは分子の比率（モル分率）では1％未満になりますが酸素が0・13％ほど含まれています。水（大気中ですから水蒸気というべきですが）はせいぜい0・2から0・3％程度しか含まれていません。

火星の地質年代を簡単に示すと以下のようになります。ここではCarrとHeadが２０１０年に惑星科学の学会誌に示したものに従っています（M. H. Carr and J. W. Head III, "Geologic history of Mars", Earth and Planetary Science Letters Vol.294 185-203, 2010）。火星の地質年代について古い順に大きな区分で並べると以下のようになります。

ノアキス代　　41億年前〜
ヘスペリア代　37億年前〜
アマゾニア代　30億年前〜

この地形図で示されている多くのクレーターのある地域は、今の火星に残っている最も古い地表だと考えられています。太陽系ができてしばらくの間は、惑星が形成される一方で、小惑星や隕石などが大量に浮遊していて高い頻度で惑星に衝突していました。そのことを利用して、クレーターが多く存在している地域はそれだけ古い地域だと推定することができます。

これは惑星科学ではクレーター年代学と呼ばれる分野の成果なのですが、これを活用する際にはその地形がその後溶岩や水などで洗い流されてしまうこともありえますから、適用する前に地形の精査が必要です。そしてこの地形ができた頃（ノアキス代＝約40億年前）には火星は地球と同じように温暖で海があったと考えられています。

これは前の章でもご紹介しましたが、火星から飛来した隕石があることが知られています。この隕石の研究からも同様の見解が出ています。

ある火星起源隕石の研究では、この隕石を作ったマグマが酸素の多い環境でできたと考えられており、これは巨大隕石が火星に衝突したときにその当時に火星にあった大量の水（海）から大量の酸素ができたため、この火星から飛び出した隕石のもととなったマグマは大量の酸素を含んだ環境で固まったと考えられています。

さらに、水のあったところに大型隕石が衝突して火星の地表をえぐったときに水から気化した水蒸気や水が水素と酸素に分離した原子が大量に発生します。

そして水素は二酸化炭素と同様に温室効果があり、このような火星起源の隕石を作り出すほどの大きな衝突が起こることで、当時の火星大気には多くの温室効果ガスがあったことになります。このため気温も上昇し、液体の水が存在できる期間が長期間（数千万年程度）続いたものと研究者は推定しています。

火山活動が激しかった時代

今も残っている多くのクレーターはこのように小惑星や大型隕石が衝突したときにできたものです。

ノアキス代は多くの古いクレーターや火山の噴出物で形成されています。また、水も多く火山活動も活発で、当時の海などで水を含む粘土鉱物が形成されたと考えられています。この時代は火星の赤道付近にあるタルシス台地で活発にマグマや水が放出されたので、二酸化炭素のため大気圧も高く水も多く、湖や海があちこちにあった時代でした。そしてこのノアキス代の後半から終わりにかけて火星上の火山活動が収まりはじめたものと推定されています。

その次の時代、ヘスペリア代では火星が激しい火山活動や豊富な水が溢れ出して洪水を巻き起こすといった事象が収束していった時代です。なお火星最大の火山であるオリンパス火山はこの時代の初期に形成されたものと考えられています。

この時代の火星はまだ大気圧も高く、水もわずかに存在していました。しかしもともと重力が小さいため時の経過とともに大気も火星から逃げ出し、水も蒸発しました。

また火星にあった磁場もなくなってしまったため太陽風に大気（特に水蒸気）が剥ぎ取られてしまい大気もどんどん薄くなりました。結果として惑星全体が冷えていき、蒸発しなかった水は凍結して雪氷圏が形成されました。水が凍り始めると海の水が蒸発して雲を作り雨を降らせるという惑星規模での水の循環が次第に起こりにくくなりました。

この時代では突発的な火山活動や地殻変動のような現象が雪氷を破壊して一時的に激しい溶岩流や洪水を起こして北半球へと流れ込んだと考えられています。北半球が比較的平坦なのはこのためだと研究者は考えています。この時期にはマリネリス峡谷の底に水が運んだ堆積物が溜まります（図24）。底にさらに流れ込む水の流れが川のような地形を作ってしまうことから、様々な大きさの谷が多く作られました。

この現象のため気圧も徐々に下がっていき、今の火星の気圧と変わらなくなりました。

図24　マーズ・オデッセイの画像で見るマリネリス峡谷のクローズアップ

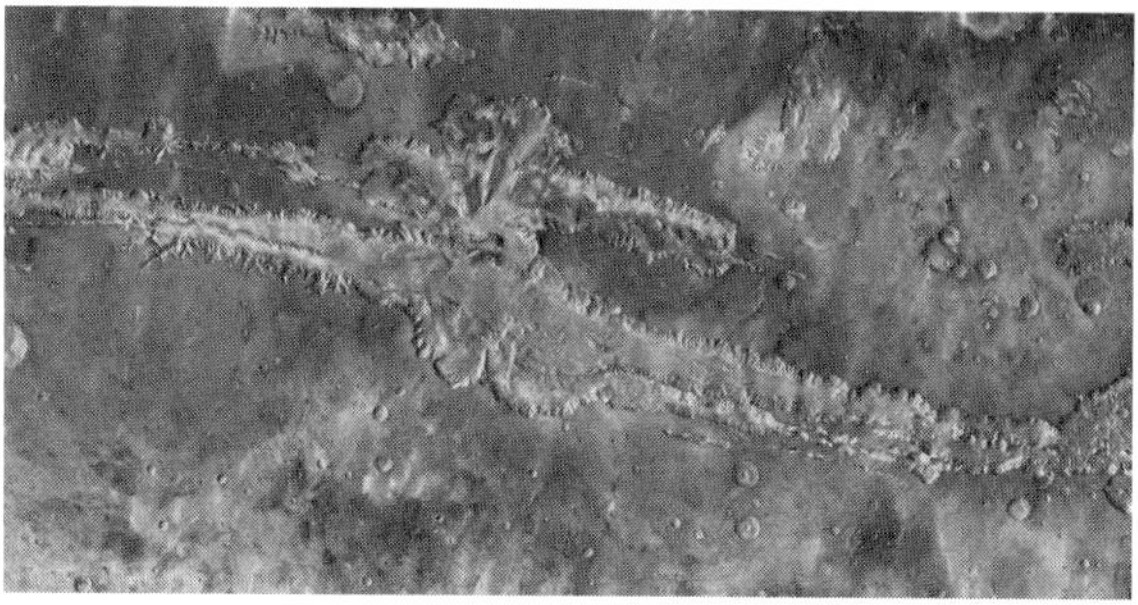

谷底に堆積物が溜まって平らになっているように見えます。

（出所：NASA）

火星の重力は地球の40％程度はあるのに6ヘクトパスカル程度まで大気が薄くなっているのは、磁場の消失と太陽風が吹き付けることにより大気が剥ぎ取られたためだと考えれば説明が付きます。

次のアマゾニア代は約30億年前から現在まで続く地質年代として区分されています。今の火星と同様に大気が薄く、寒く乾燥した時代だといえます。

この時期でも初期の頃には小規模ですが溶岩流や液体の水が流れ出す現象が起こったと推定されています。流れ出した水のため一時的に海が形成されたと考えられますが、気圧が低いこともあり存在してもごく短期間（長くて100万年程度）だったと考えられています。

しかしアマゾニア代の初期を最後に、もう水が地表に貯まるほどあふれることはありませんでした。その後の気温低下から、大気中の水分は地表の隙間に入り込んで氷になりました。そうして氷が表面に残っているのは極冠だけになってしまいました。その一方で徐々に薄くなっていく大気に残っている過酸化物が火星表層の砂を次第に酸化鉄に富んだものに変質させ、火星地表は赤い砂で覆われることになりました。

変化に富む火星の地形

次に地形を見ていくことにしましょう。今までの地質の話はどうしても研究者がさまざまなデータに基づいて構成した「シナリオ」の説明という感じでお話せざるを得なかった部分もあります。ですから、探査機が撮影したさまざまな画像をできるだけご紹介していきたいと思います。

まず、火星で目立つ地形としてマリネリス峡谷とタルシス台地に見える火山の位置関

図25　火星のタルシス台地に見える3つの火山とオリンパス火山

NASAが過去の火星探査機の地形データを用いて作成したシミュレーション動画の冒頭部分。

(出所:NASA)

係を図25に示します。これはNASAで火星探査機の地形計測データを元に作成されたシミュレーション動画の1カットです。マリネリス峡谷（火星右下）とタルシス台地に並ぶ3火山、そして最大の火山であるオリンパス火山（火星中央部）の相対的な位置関係がわかります。NASAでは過去の探査機で集められた地形データに基づいて火星の地形を様々な視点から観測するコンピューターシミュレーションを行っています。図25はこのシミュレーションの一例としてNASAが公開している動画の冒頭部分を紹介しています。

ご興味のある方はNASAのページ内を

図26　タルシス台地の3火山

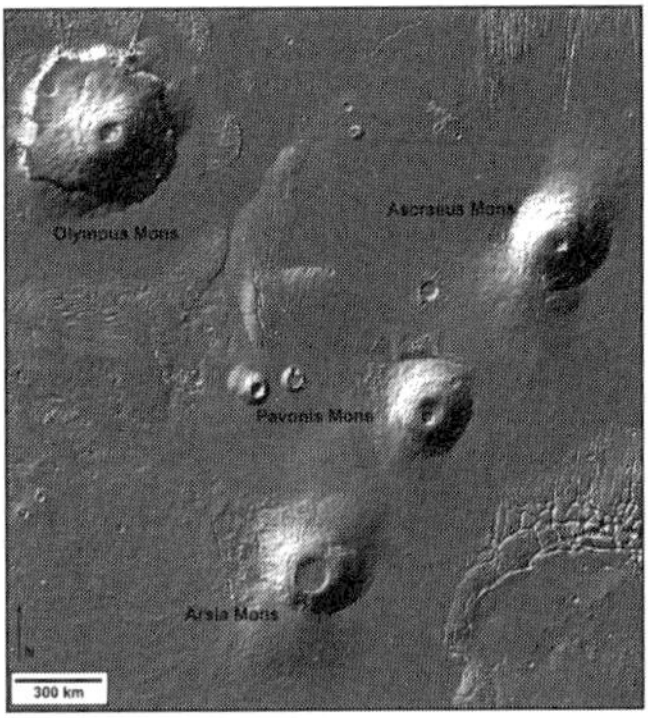

火星のデジタル地形データを用いたシミュレーション画像。
（出所：NASA）

検索してみてください。またタルシス台地の３火山とオリンパス火山の位置関係については図26にもクローズアップ画像で示します。

また、マリネリス峡谷の北側には日本語の名前がついた大きな谷があります。その名も「火星（Kasei）」です。火星の半球画像でもはっきりわかるほど大きく、その谷のほんの一部をステレオカメラで撮影して地形を見るとはっきり陥没した谷の地形がよくわかります（図27）。

さらに地球から見てもよく目立つのはやはり極冠です。この極冠をさらに拡大すると図28のようになります。これはＥＳＡの

図27　Kasei峡谷の立体画像（マーズ・エクスプレス撮影）

（出所：ESA）

図28　マーズ・エクスプレス撮影の火星の極冠

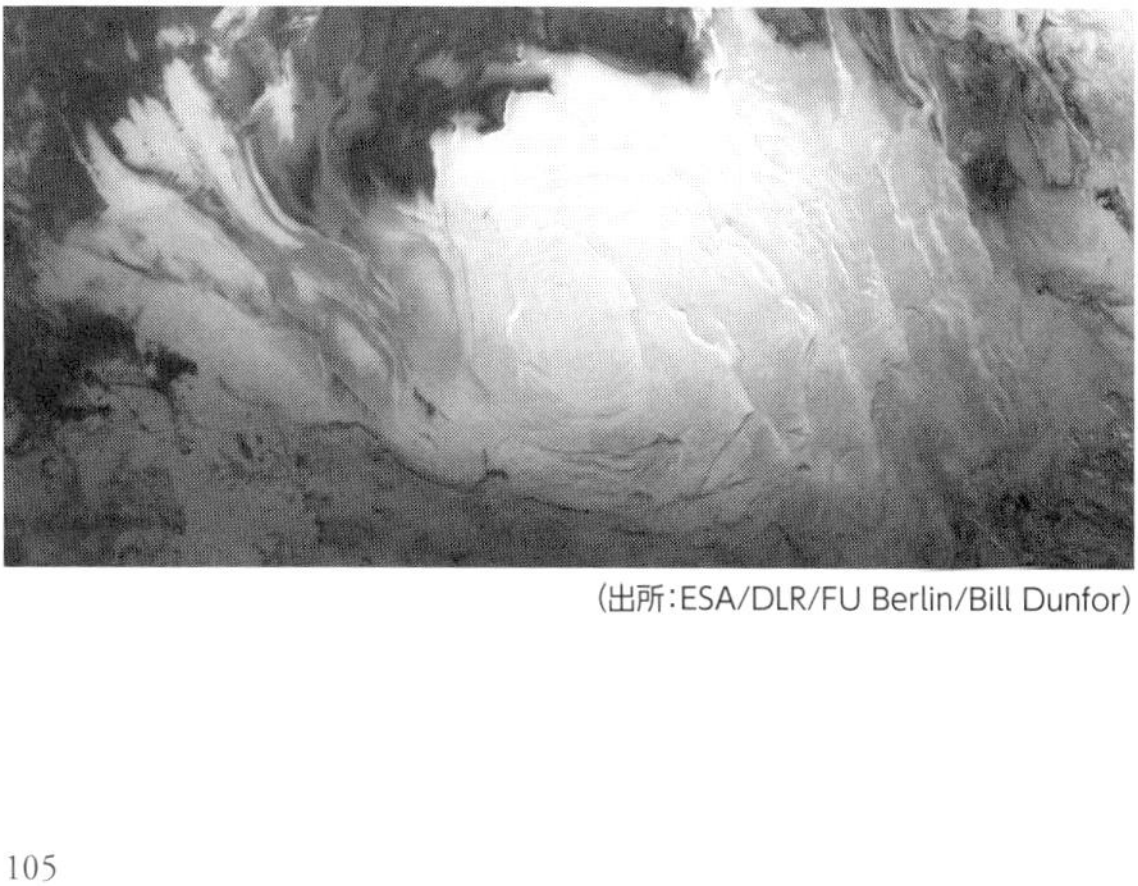

（出所：ESA/DLR/FU Berlin/Bill Dunfor）

図29　火星ローバー、オポチュニティからみた周辺の景色

（出所：NASA）

マーズエクスプレスが撮影したものですが、大気中の二酸化炭素や水蒸気が固化してドライアイスと氷の混合物のようになっているはずです。

次に、火星に着陸した着陸機やローバーからの眺めを見てみましょう。図29はNASAローバーのオポチュニティから撮影した景色です。砂地に石ころがゴロゴロしていて砂地には小さな起伏があることがわかります。

次の図30はアメリカの着陸機パーサヴィアランスが持ち込んで無事飛行に成功した例のヘリコプターです。

このヘリコプター周辺に見える地形も赤

図30　パーサビリアンスが持ち込んだヘリコプターの写真

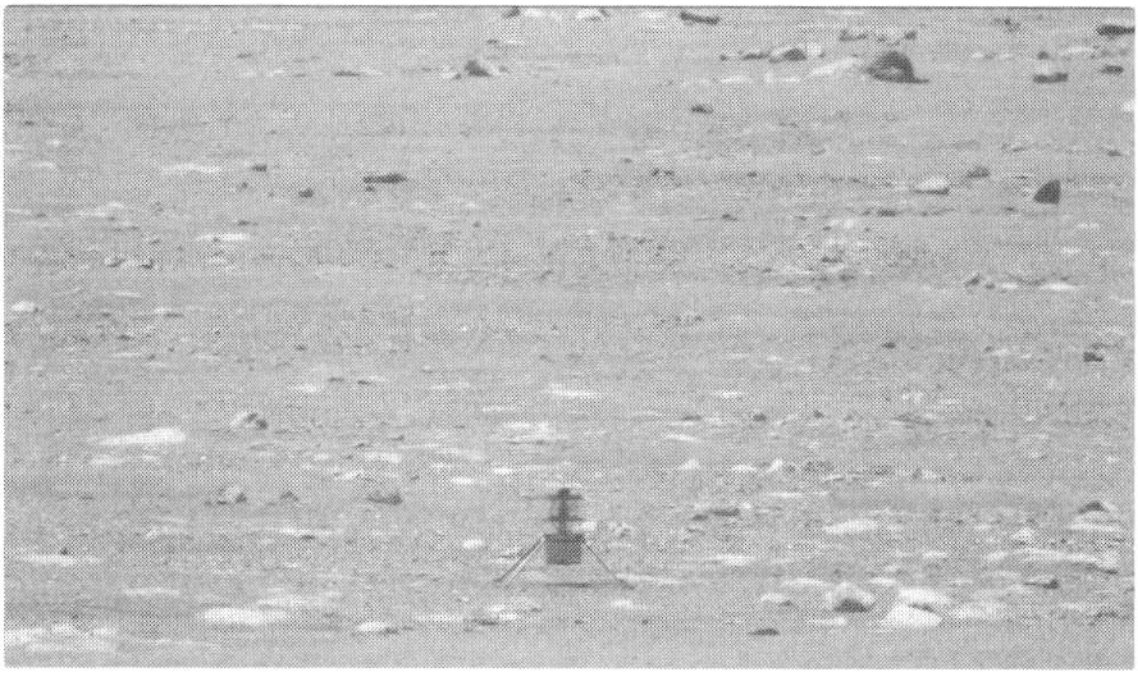

（出所：NASA）

図31　マーズ・エクスプレスが撮影した三重クレーターのクローズアップ画像

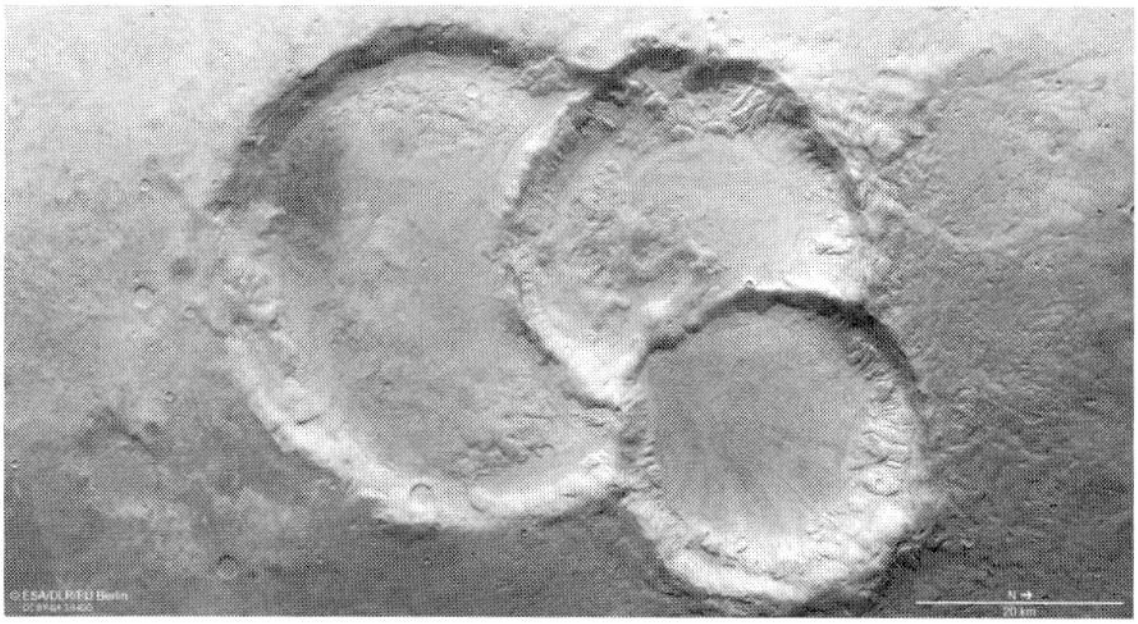

（出所：ESA）

図32　マーズ・リコネサス・オービターの高解像度カメラが撮影したクレーターの詳細画像

超高解像度カメラで撮影した火星のクレーター。

（出所：NASA）

い砂地に石ころ、そして多少の起伏がみえるのは他の場所で撮影したものでも変わりません。

今度はまた衛星軌道からの視点に変えて、火星のクレーターのバリエーションを見てみましょう。図31はESAのマーズ・エクスプレスが撮影した三重クレーターです。特に一番左の大きなクレーターの周囲が縁が多少不明瞭になっていますから、年代的には古いクレーターだと推察できます（もっともクレーターの重なりから見ると左のクレーターが最初に作られたのは明らかですが）。

次の図32はNASAのマーズ・リコネサ

図33　HiRISEカメラでクレーターの壁面を拡大撮影した画像

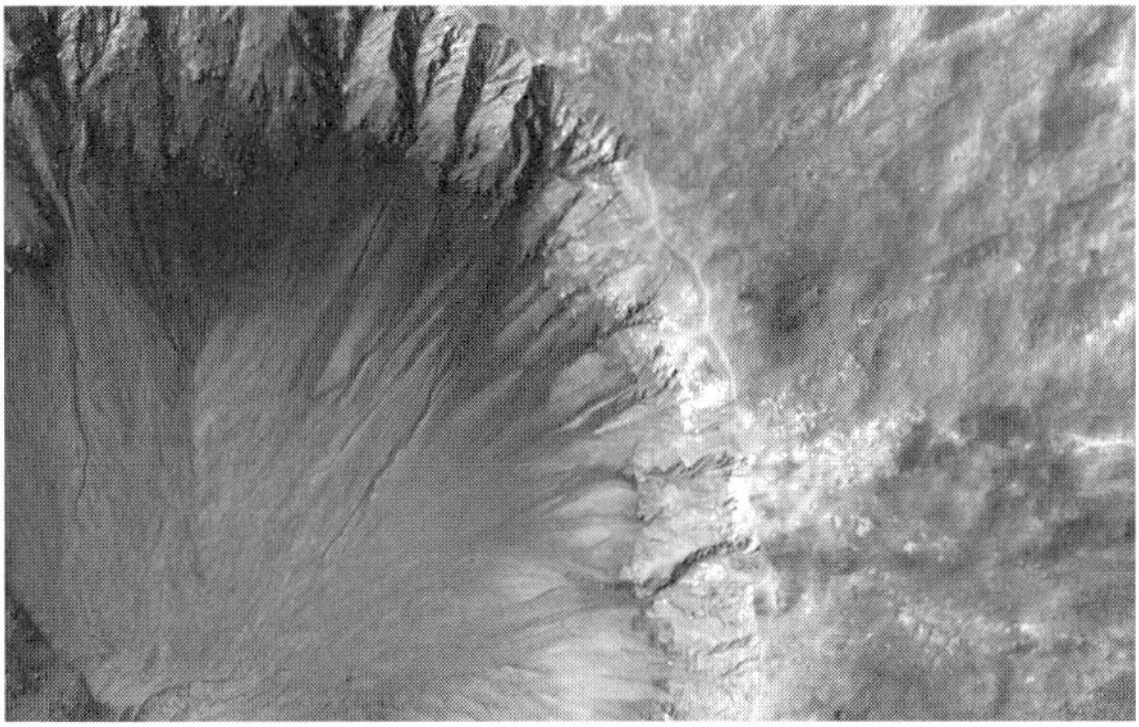

惑星探査機で最も解像度の高いカメラで、さらにクレーターの縁とその内部を示したもの。（出所：NASA）

ンス・オービターが搭載した、惑星探査機に搭載されたものでは最も高解像度のカメラ（ＨｉＲＩＳＥ）で撮影されたクレーターです。クレーターの縁がきちんと揃っていることや、壁面を砂が流れ落ちた跡などが見えることからこちらは比較的新しい年代のクレーターだと推察されます。図33はＨｉＲＩＳＥでクレーターの壁面を拡大した画像です。クレーターの縁の部分がきれいに残されていることがわかります。

一方、極域に近くなるとクレーターに氷が溜まっていることが観測されています。図34はＥＳＡのマーズ・エクスプレスで撮影された水氷があるとされたクレーターで

図34　火星北緯70度付近のクレーター

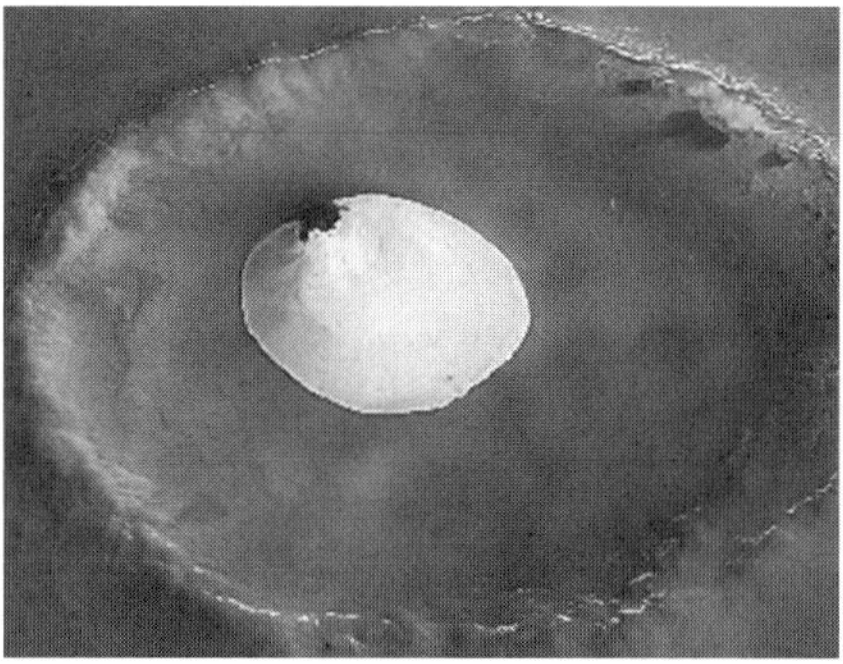

マーズ・エクスプレスが火星の北緯70度付近で撮影したクレーター。クレーターの底に溜まっているのは氷と推定されています。

（出所：ESA）

すが、科学者たちはちょうど白く見える氷の部分はクレーターの壁のため常に日陰になっている関係で水氷が蒸発してしまうのを防いでいるという推論を立てています。クレーターの右上に見える白い部分は霜だと推定されています。

筆者は次の章で火星にどうやったら住めるかについて考えていくつもりですが、このような水源があるということはある意味心強いことです。ただ、このクレーターは北緯70度付近にあるということなので、ここで水が得られても、ただでさえ寒い火星の高緯度に拠点を構えるというのは居住区の保温などの点で赤道付近に建設するより

図35　1999年と2005年のクレーター比較

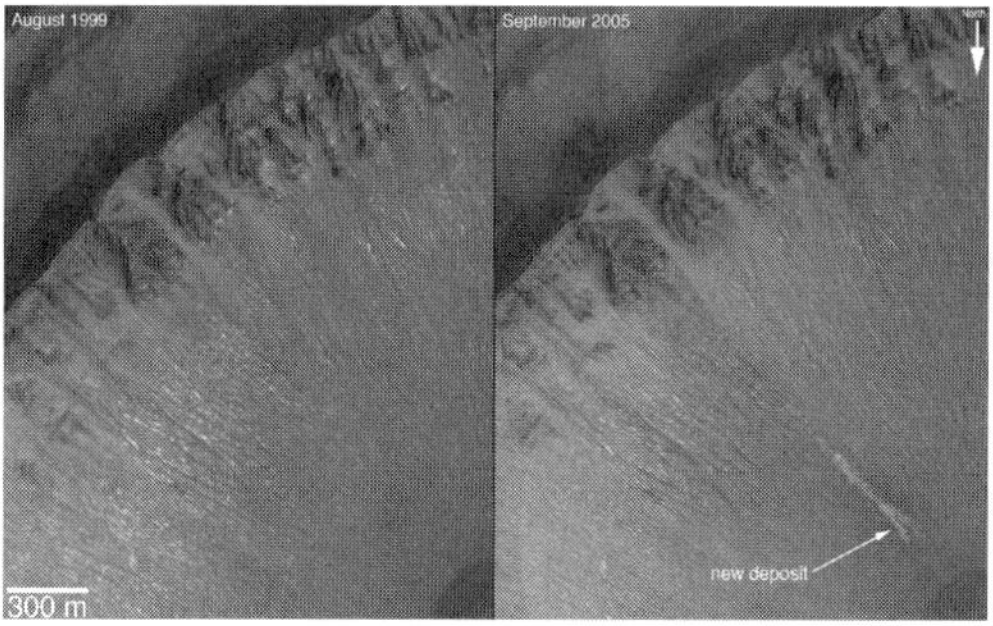

マーズ・グローバル・サーベイヤーが6年間の間隔をあけて同じクレーターの壁面を撮像した画像を並べました。見て分かるように6年経った2005年の画像には1999年の画像には見られなかった「何かが流れた跡」が見えています。（出所：NASA）

難しい設計になりそうです。

一方、ＮＡＳＡの探査機はクレーターの縁を6年あけて撮影したところ、6年後の画像には前にはなかった新たな堆積物があるという「物証」を見つけました（図35）。担当の科学者たちは、これはこの期間中に小規模な水の流出が起こり、それに伴って多少の堆積物が壁面の傾きに沿って直線状に溜まったと考えています。

このような形で液体の水が短期間、少量でも流出するのであればそれは地球で「湧き水」を探すのと似たようなことになりますから、少しでも低緯度で温かいところに見つかればそれは人類の居住を考えた場合大きなアドバンテージになります。

「火星に水」の信ぴょう性

しかし科学者たちのこのような見解に対して「科学者が見たものは本当に水なのか?」と疑いを投げかけるサイトも相当数あります。筆者も本章のためにいろいろな火星ミッションの画像検索を何度も行ったのですが、火星の水の痕跡について検索してみると、「本当に水が見つかったのか?」という疑問を示すサイトが多数検索に引っかかったのも事実です。

氷なら色と形を持つものですから、先程のクレーターの例のように目で見えるものを色やその存在する場所の条件を解釈するということで、これは氷ではないかと推定することは可能でしょう。

しかし、水が(それも流れているときでなく)流れて地表にその跡を残しているのだという議論になると、そこには水は存在せず跡しか残っていませんから、何か別のものが流れたのだろう（特にクレーターの縁で石や砂が風で動き出し斜面を流れ落ちるということは特に不思議な現象ではありませんから）といわれても即座に否定することは難しいです。

ただ、火星に氷が残っているということからそれが気圧や温度の関係で多少液化して流れ出したと考えるのが自然だろうと研究者は考えているわけです。特に図37の場合では堆積物がクレーター壁面の途中に存在するというのもその白い部分の一番上から何かが流れ出したという根拠にもなり得るでしょう。少なくともクレーターの縁から石や砂が流れたという解釈の方が難しいです。

しかし、相当量があったはずの水が気圧の下降だけで本当に大半が散逸してしまったのかという意見を持つ研究者も少なからずいます。ではその水はどこに残っているというのでしょうか？　気圧の減少で気化するだけで相当量があったはずの水がみんな気化して飛んで行ってしまうのはちょっと乱暴なシナリオではないかという意見を持つ人もかなりいます。

地下水の可能性アリ？

彼らが考えた水の行方、それは地中です。最初は地下水という形だったでしょう。でも気圧が低下すれば地下水もやがて乾いた地表へと動き、気化してしまいます。

しかしここに一つ大きな要素があります。

地下水ということは、地中にあるということです。そういった地下水が地殻を構成する岩石（というよりも鉱物といった方がよいでしょう）と化学反応を起こすことがあるかもしれません。鉱物の一部が酸化物でなく水酸化物に変異したとすれば、すべてではないにしてもある程度の水は周囲の鉱物と反応して水酸化物を作ることは充分に考え得ることです。

だとしたら、ある程度の量の水が岩石を作る鉱物を水酸化物にすることで生き残っているということも考えられます。水酸化物であればもう原子間の結びつきは強固ですから気圧が下がるくらいで分解することはありません。

それだけではありません。「マーズ・エクスプレス」は地表の精密地形を探査するためにレーダーを装備していました。これはある意味ありがたいことで、レーダーは周波数を変えてやれば地表面ですぐ反射するようにすることもできますし、ある程度の地中まで電波がもぐり込んで地中にある反射物で反射するという両刀使いができます。「マーズ・エクスプレス」搭載レーダーもこの両刀使いが可能なものでした。そして彼らは極冠の地下に水が集まっていることを彼らの詳細解析の結果、地下に大きな水たまりがあるのではないかと結論しました（凍っている可能性もありますけど）。

一旦地下水として溜まった水が大気圧の低下につれて乾いてしまった地表に動き少しずつ抜けていったかもしれませんが、全部が全部そうではないということです。水のままだと気圧が下がれば散逸してしまいますが、鉱物を化学反応で水酸化物へと変質させれば、鉱物結晶の中の原子・分子の結びつきは桁違いに強いのです。

たとえば一部の小惑星（もちろん小さいので大気などと言うぜいたくなものはありません）を分光スペクトルで計測すると、水酸化物（ＯＨ）に相当するスペクトルがはっきりと見えるものがあります。つまり真空中に露出しても水酸化物は壊れないということとです（その代わり真空でかつ熱が加わるとあっさり分解してしまうのですが……）。

さらに、水の地表への移動をブロックするような岩盤が充分に厚いところであれば地下水が生き残る可能性もあります。

こういう立場でシミュレーションしていくと、大気が薄くなることで逃げてしまう水蒸気もあるだろうが、地中に水酸化物の塊として生き残っている水が相当量あると主張する研究者もいます。

最近の探査機のデータでいえば、アメリカのパーサヴィアランスが地表を調査した際に表面の岩石中に水酸化物があることを確認しています（真空にさらされている小惑星でも水酸化物が生き残るのですから僅かとは言え大気があるならこのような水酸化物はびくともしません）。

そのような水酸化物が地下水の名残として地中にも存在し、さらには岩盤で蒸発を免れた地下水すらもレーダーでその痕跡が見いだされています。

どうしても火星の研究者は「火星→水→生命！」という思考に突っ走りがちなので、筆者のように月や小惑星など最初から生命が居るはずがない天体の地質をコツコツ研究

図36　火星の夕暮れ

（出所：NASA）

してきて、火星についても自分の研究に集中していた筆者にはあの「火星研究者コミュニティー」というのは本当にアツい人たちです。

しかし、それだけの熱意を持った研究者が世界中にいるということを考えれば今後の火星研究の広がりが楽しみです。

それではこの章最後の写真になりますが、火星着陸機が撮影した「火星の夕暮れ」の画像を図36に示します。

この画像を見る限り夕焼けはないようですが他の星で見る夕暮れというのもまた変わった気分になります。もし人間が住むようになったとしたら、これをみて地球の夕暮れのような感想を抱くかどうか、興味のあるところです。

火星ミッションについて調べたい人に

この章では、とても駆け足になってしまいましたが火星の地質年代と主だった地形についてお話ししました。NASAやESAの火星ミッションのホームページには今までに飛んだミッションの解説や画像の紹介があったり、さすがNASAといえるのは「学校用教材」という項目がミッションごとに並んでいることです。惑星ミッションの普及や啓発活動にいかに熱心か伝わってきます。

ちなみにNASAのトップページから"Mars Mission"という語句で検索してみるといろいろ出てきます。英語が多少わからなくても、いろいろな図や写真が出てきますから見ているだけでも結構楽しめるのではないかと思います。なおNASAはもちろんESAのホームページも英語で書いてありますから英和辞典片手に読んでみる価値は充分にあります。その意気がある方は是非挑戦して頂きたいところです。

さて、この章では地質と地形、そして水について簡単ですがご紹介しました。ただここで筆者が書いておかねばならないことがあります。どんな研究もそうですが「火星の研究」も現在進行形なのです。ですから新しい情報は科学雑誌などで補わないとすぐに取り残されてしまいます。

最近はスマホ用の火星アプリというものが配布されています。せっかくなのでここではこれらのアプリに関して簡単に紹介することにします。

iOS（iPhoneとiPad）では、その名の通りの"Mars Globe"やそのHD版があります。これは火星儀が画面に現れて指で触っていろいろな場所に動かしたり、日当たり（つまり太陽光の角度）も調整できる上、詳しく見たいところを拡大できます。NASAの人間はこういうことになるとどうも凝り性らしく、同じようなソフトで月や金星、水星のバージョンもあります。月のソフトなどは、天体観測する人が月面図の代わりに使えるのではというくらい使い勝手がいいです。

ちなみにAndroidでは、調べてみると似たようなソフトですがNASAではなくドイツの人が作ったソフトがありました。ただ「広告付き、アプリ内課金あり」というのはやはり仕方がないのかなという気がします。

それはともかく、興味があればこのようなソフトをいろいろ触ってみるのも面白いかもしれません。

本章で紹介した火星の地質と地形についての記述を読んで、もし火星の地形やその歴史について興味を持たれたら、ぜひネットでどんどん検索して、いろいろな情報を集めてみてください。

宇宙の関係だといわゆる研究機関や大学だけでなく、個人が開いているブログなどにも読んでいて勉強になるものが少なくありません。もしも「英語も頑張ってみよう」と思われるのでしたら、海外のブログの中には相当深いところまで突っ込んだ考察を加えているものもかなりあります（もしかしたら大学院の学生さんや科学ジャーナリストの人たちが個人的に情報発信しているのかもしれません）。

ご興味を持たれましたら、すぐに「火星」とか「火星の地形」、「火星の水」などのキーワード（日本語でも英語でも）ですらりと出てくるホームページを読んで見られることを強くおすすめします。

さて次章では、「火星に住む」という視点でそのためにはどんなアクションが必要か、どんな情報が必要か考えていきたいと思います。筆者は宇宙の資源利用に関しても研究している人間ですので、その辺りの知識も合わせて、宇宙に拠点を作り長期滞在するにはどういうアクションが必要なのか考えていきたいと思います。

第4章　火星に住むには

各国が宇宙開発を行う理由

この章では、いよいよ人間が火星に居住するには、という話について考えていきたいと思います。

ただ、この章の前半は少々回りくどい説明になるかもしれません。「火星へ住む」という話を始める前に、世界で行われている各国の宇宙開発・利用がどのように国際的に認知され実行されているかを是非ご理解頂きたいからです。

1960年代から70年代にかけては、こういった問題は宇宙開発2大国の米ソ首脳会談や大使と派遣先の政府で国家間交渉を進めることが普通でした。しかし、今や衛星軌道にまで人工衛星や宇宙機を飛ばす能力や施設を持つ国・企業も増えてきたこともあり、すでに国連で意見交換や議論を行うようになっています。

現在のところ、このような議論は主に地球の周りを回る周回衛星の打ち上げに重点がかかっています。ですが、もう次の段階として、月の極に近いところに太陽光が当たらないクレーターがあり、そこに氷が存在する可能性が高いということから、月の極域探査で氷が発見されれば、浄化すれば飲料用にも使えます。さらには電気分解して酸素と水素にしてしまえばこれは最も強力な液体燃料ロケットの燃料にもなります。宇宙資源の研究で有名なアリゾナ大学のJohn Lewis教授は自著の中で「water for drink, water for burn」と他の惑星上で見つかる水のことを簡潔に表現しています。つまり水が見つかれば浄水したら飲料水になり、水を電気分解（月表面なら太陽電池の電力でしょう）して水素と酸素に分離できればこれらを混合して点火すれば強力ロケットエンジンの燃料にもなる、ということを彼は言おうとしています。

さらに言えば、今米国や欧州などでは宇宙開発全般について技術面だけでなく国際社会という視点でも考えなければ大きな手落ちになります。

たとえばよその惑星に降りて、そこにある物質を資源としてメリットがあるという動機で採取した場合、その物質はその国の資源として産業利用してもいいのかという問題がまず持ち上がるでしょう。そして次には、資源になり得る物質を見つけた惑星上の地域には当然原石を加工処理する装備が必要ですし、エネルギーの供給拠点も必要です。さらに地球から定期的にやって来て資源採掘場をモニタしたり小さな不具合の修理などをするスタッフのための拠点を作る必要があることから、ある程度の広さの土地を採掘事業者の所有地として確保する必要があります。

宇宙条約では国家による領有権は認めないと明記されていますが、ある国に本社と主要な拠点を置いている企業がそのような資源採掘の土地を占有すれば、すなわちほぼ自動的にその地域はその企業が属する国家に所属するということになります。無理して国家の「領有権」といういい方をしなくとも、自国企業の「所有地」だからその国の人間は自由に出入りできるということになりますから、実質的には企業が前面に出るにしてもバックにはその本社がある国が控えているというわけです。国の税金の財源になり得ますし、国によっては防衛力強化にも技術的に役立ちます。そのためいわゆる先進国を中心に各国で国も民間も宇宙プロジェクトを行おうとしているわけです。

科学的見地からも、過去に水があったのは確かで大気中に僅かですが水蒸気もあることから、古代生命の化石や今生きている生物すら発見される可能性もあるため、火星探査は惑星科学者にとっても重要な目標です。

「火星居住」は宇宙プロジェクト

たとえば火星の地下に氷の大きな塊が発見されると、その場所に重機や有人拠点などを設置することになりますが、その採掘場所に進出した企業（実質的にその企業が籍を置く国家）に所有権を与えるべきなのか、まだ国際法的に協定が結ばれているわけではありません。また環境保護の視点で「環境的影響はどうなのか」といった検討も始まっています。

国際法の構築は、まずは人類の宇宙進出と地球周回軌道を動く国際宇宙ステーション（ISS）のようなものを大型化して人が長期間居住するというものです。

そして2番目に検討するべきは月です。月に再び人類を着陸させたい米国やインドの月観測衛星、中国の月面車などが活動しています。この本を執筆している2021年春から夏の時点では、アメリカのアルテミス計画など、月の極域にあるクレーターに氷があるらしいということがわかっていることから、この氷をどうやって確保して拠点にするかということで各国がしのぎを削っているというところです。日本もこのアルテミス計画（日米以外に数カ国が参加するため）のルールブックとして「アルテミス協定」というものが昨年提示され、署名しています。

そして現在、世界の宇宙開発機関である程度具体的に技術的検討がなされている一番遠い惑星は火星です。もちろんその外側の小惑星帯や木星有人探査もアイディアはあるようですがそれほど具体的なものにはなっていません。やはり大気があり地球に比較的似ている環境（二酸化炭素が多いと言っても水蒸気もわずかにあり、地下や日の当たらない崖下には氷や霜があると考えられています）だからこそ火星居住というのが今の時代に具体的に考えられている「宇宙進出構想」のとりあえずのゴールになっているのではないかと思います。

はっきりした証拠が出ているわけではないにしても、ある程度の気圧があり水があるなら過去に生命がいたかもしれないわけで、その意味でも行って徹底的に探査する価値のある惑星といえるでしょう。

筆者は惑星探査機の観測データから資源探査に役立つ情報を選別して収集をする傍ら、惑星の物質などを用いた資源利用についてコツコツと研究している人間なので、そうした人類の宇宙進出とそこに生ずるさまざまな問題点を紹介しながら、当面のゴールとなっている「火星居住」の話へと進んでいきたいと思います。もちろんこの作業時には純粋な科学探査ではやらないことを火星上ですることになるかもしれません。しかし周辺環境への影響や科学探査について自由度を確保することは惑星の科学探査と資源調査や開発を両立する一番の方法だということはおわかり頂けると思います。

筆者はこのような考えの持ち主なので、火星居住を考えるとなれば、人類が現在実行しているものや計画中の宇宙進出に関して各国のさまざまな計画や国家間調整などについて、また火星基地に必要とされるさまざまな制約についても知ることができます。

本章では宇宙開発とそこにまつわる国際法的な議論について、まず地球周回衛星の利用から今ではかなり具体的になってきた月探査について紹介します。そしてさまざまな国際協力の制約の中で、如何にして火星探査や居住を実現するかについて、あくまでも現状に基づいた推定になりますが、火星探査・居住についてできるだけ多くの視点からご紹介できればと思っています。

軍事衛星まで打ち上げるスペースX

地球周回軌道での人工衛星の運用は、近年は民間企業のものが多くなってきました。そして打ち上げも、アメリカで電気自動車大手のテスラを経営する実業家のイーロン・マスク氏が設立したスペースXという企業が大きく躍進しています。同社はイーロン・マスク氏が将来は火星にまで宇宙船を飛ばすという構想を抱いて設立した企業で、民間企業として初の有人の宇宙旅行を成功させたことでも知られています。

2002年創立ですが2006年にはNASAと国際宇宙ステーション（ISS）物資補給用の輸送サービスを締結し、何度もテストを繰り返した上、2012年に民間企業の宇宙船として初のISSへのドッキングと資材補給を成功させています。さらに同社はNASAと乗員輸送のプログラムも締結し、2020年に民間企業として初の有人宇宙船の打ち上げ、そしてISSへのドッキングを成功させました。

NASAはこの成功を見て、スペースXから「タクシーのように」ロケットと宇宙船をチャーターして打ち上げるというスタンスになりつつあるようです。打ち上げロケットは高価なので、これが企業努力で安くて安全性が担保されればＮＡＳＡにとっては予算削減の最中ですからありがたいことでしょう。少なくともＩＳＳドッキングを行うというルーチンワークでＮＡＳＡのこの手の定型的な輸送業務は今後民間主導になりそうです。こうしたＮＡＳＡとの関係だけでなく、２０１６年にはアメリカ軍の軍事衛星の打ち上げも受注するようになり、スペースＸは民間から軍事までどんな種類の衛星であっても打ち上げることのできる企業となりました。

この会社の面白いところは、創立者のイーロン・マスク氏はこの会社の株式の公開を行っていません。その理由について彼は「自分の夢である火星移民船が飛ぶようになってから」と主張しています。株を公開して変な資本に株を買われて事業の方向性をいじられたくない、という思いがあるようです。この辺のこだわりは強いですね。

「スター・トレック」俳優も飛んだ

そしてアメリカで目立つ宇宙企業といえば、アマゾン創業者のジェフ・ベゾス氏が作った宇宙企業ブルー・オリジンがロケット開発や宇宙船の開発を行ってきて、そしてベゾス氏自身が自分も宇宙へ行くと宣言しています。またベゾス氏は２０２１年７月初頭にアマゾンのＣＥＯを退任し会長となり、新規事業（おそらくですがブルー・オリジンもその一つでしょう）に活動を移しました。

もっともベゾス氏についてはアメリカ国内では相当のアンチ活動が起こっているのも事実です。アマゾンは従業員の労働環境などでかなりの批判を受けている企業ですからある意味仕方がないところかもしれません。「ベゾスは宇宙へ行ったら帰ってくるな」というツイッターのハッシュタグがあるようです。

また、この項を執筆しているときに、これも同じく超富裕層のリチャード・ブランソン氏がヴァージン・ギャラクティックという宇宙飛行を目指す会社を設立していてさまざまな推進系や機体について検討を続けていますが、現地時間で２０２１年７月11日に彼の会社が保有するSpaceship-2で高度85㎞というアメリカ連邦航空局が乗員に宇宙飛行士記章を授与する高度を突破し、本人を含む４名のチームが周回軌道にこそ入りませんでしたが、弾道飛行に入りその後無事生還しました。

ベゾス氏も自分が飛ぶ準備を自身が立ち上げた宇宙開発企業ブルー・オリジンで行っていました。彼は現地時間で2021年7月20日に飛行しましたが、一歩先は越されました。ただ、ブランソン氏は「宇宙が始まる高度」として国際的に認識されている高度100キロメートルには届きませんでした。ベゾス氏はこの高度を突破してやろうと思っているでしょう。ニューヨークタイムズも記事を1面（電子版のですが）に持ってきているだけでなくアマゾンCEOを退任したベゾス氏もすぐに飛ぶ準備ができていると言うことでした。

ちなみにベゾス氏はワシントンポスト紙のオーナーでもありますが、ネットで電子版を見てみると、互いにどっちが先に民間の宇宙船で飛ぶかどうかを競っているにもかかわらず、ベゾス氏がオーナーになっているワシントンポストにもかなり詳しく、またその日に起こったことということで時系列のタイムスケジュール付きでブランソン氏らの飛行の成功を取り上げています。

そして2021年7月20日の朝、ベゾス氏は飛び立ちました。彼とともに飛ぶのは彼の弟、それと1人は国際入札をして膨大な金額である大富豪が落札しましたが、彼が乗船を辞退したため18歳の少年をクルーに選抜しました。そしてもう一人のクルーとしてウォリー・ファンクを加えました。彼女は「マーキュリー13」とも呼ばれる女性宇宙飛行士養成プログラムで訓練を受け好成績で訓練過程を修了しましたが、宇宙を飛ぶことはできずその後国家運輸安全委員会（NTSB）の調査官になり、今や退官して82歳となり宇宙を飛ぶ人間としては最高齢の宇宙飛行士になりました（なお、本書の著者校正中で10月13日に映画「スタートレック」でUSSエンタープライズの艦長を演じた俳優のウイリアム・シャトナー氏が90歳で〈ブルー・オリジン〉のロケットで有人宇宙飛行を行い、最年長宇宙飛行者となりました）。

マーキュリー13は女性宇宙飛行士の養成プログラムとして動き出しました。各員個別のパイロットとしての指導や肉体的訓練（無重力の体験など）はありましたが、アポロ計画までの宇宙飛行士を多く養成したマーキュリー7と比較して全員が集まり作業や訓練、議論をすることもなかったプログラムで、前述の通り当時のNASAが女性宇宙飛行士の打ち上げプログラムを中止したためそのまま自然消滅しました。

ベゾス氏の宇宙船は107キロメートルの高度に到達し、これは誰も文句の言えない

「宇宙」と呼ばれる領域へと到達しました。

余談ですが、アメリカは基本メートル法を使いません。もちろん、世の中の物理学や化学などすべての自然科学ではメートル法が使われますが、アメリカは国としてヤード・ポンド法を日常的に使うので公式発表もマイルになります。

彼の飛行についてはニューヨークタイムズが相当派手に電子版の1面を使って報道していました。むしろベゾス氏がオーナーになっているワシントンポストの方が客観的な記事が多いのが却って印象的でした。

そのワシントンポストに載っていましたが、ある議員が「宇宙飛行は裕福な人々にとって非課税ではありません」と述べ、一般人が航空券を買うときと同様税金を支払うべきだと述べています。ベゾス氏の会社の今後のフライト予約料がもう1億ドルに近づいているとベゾス氏自身が語っていますし、ヴァージン・ギャラクティックは25万ドルでチケットを販売していますが、アメリカの経済アナリストたちはこれは2倍の価格になるだろうと予測しているそうです。

ちなみに研究目的で行われるＮＡＳＡの計画は税金免除で、またＮＡＳＡの依頼でその業務を請け負う（たとえばスペースXがＩＳＳに物資を運ぶ）ことも税金免除対象になるとこの議員は提案しています。なおこの項を執筆している時点では、ヴァージン・ギャラクティックやブルー・オリジンはこの議員の主張に対して何らコメントをしていないそうです。もっともベゾス氏はＳＮＳで従業員と顧客に「あなた方はこれらすべてにおカネを出して下さったのです」と述べてAmazon従業員だけでなくメディアからも強い批判が出ています。

「金持ちの道楽」にならないか

このようにアメリカでは「富裕層の道楽」としての宇宙飛行が次々に行われようとしています。また幾つもの企業がすでにＩＳＳ内の無重力状態という環境を利用して製薬研究を実施し、光ファイバーなど製造テストをしています。前述の2社の有人飛行は民間の開発ですし、とにかくビジネスで妙なことをするよりマシでしょう。ただ、宇宙を飛びたければひたすら大儲けしないといけないという認識が一般社会に広まることは何としても避けたいところです。これではかえって若い人たちの宇宙への関心を壊してしまうのではないかと筆者は心配しています。

ヴァージン・ギャラクティックやブルー・オリジンのミッションは民間が自力で行った初めての有人宇宙旅行として歴史には残ると思います。ただ結果として後世の人がこの時代を振り返ったら「億万長者の道楽以外の何物でもない」と思われるだけで、却って世の中の一般の人から宇宙開発に対する興味や関心が次第になくなったという結果を生んだと見られかねません。

もちろん両社も「一般公募」という形で市民にも数少ない座席を出すことくらいのアピールはしていますが、価格を考えればおそらく焼け石に水でしょう。

ヨーロッパの打ち上げ企業としては、有名なアリアンスペースという会社があります。ヨーロッパ各国が出資していますが、一番出資額の多いフランスに本社を置いています。ちなみにアリアンスペースは飛行機のエアバス社と関連が深い企業です。エアバス社もこの会社に出資しています。アリアンスペースはＥＵがバックに付いているということもあることから、現在打ち上げシェアの半分程度を取っているということです。

とにかく、宇宙開発、特に周回軌道への打ち上げは大富豪や国家連邦が率いる企業が次第に主導権を握ろうとしているのが現状のようです。小型衛星などはロシアや中国も打ち上げを請け負っていますから（日本もＵＡＥ火星探査機の打ち上げを請け負っています）、今後は少なくとも軌道上への打ち上げは一部の国への委託か民間主導へと変わっていくのだろうと筆者も感じています。衛星の開発や打ち上げ後の運用も含めてもともと国が民間に発注してきたものですから、その結果として民間が政府プロジェクトで得た技術主導の衛星打ち上げや民間で企画した独自観測による情報提供サービス事業がもう欧米ではいろいろ立ち上がり始めています。

あとは有人拠点がどうなるかということになると思います。スペースＸもブルー・オリジンも宇宙船の開発は行っていますが、それはあくまでも短期の移動用のものです。少なくともＩＳＳやかつて旧ソ連が打ち上げていたサリュートやミール（小型宇宙ステーション）に匹敵するものが民間で開発できるかどうかというところでしょう。特にスペースＸはイーロン・マスク氏が火星へいつかは行きたいということを口にしているくらいですから、それなりの長期滞在型の宇宙船を建造することは考えられるでしょう。

しかし企業であるからには事業の展開にはまず何よりも株価や為替、債券などの市場から大きな影響を受けることになります。

つまり好景気のときに大きな計画を立てて動かしたとしても、その後たとえば市場の暴落が起こった時点で資金調達が困難になり計画が予定通り実行できない可能性が高いと思います。民間主導というのは、「すべてお上の言うまま」という進め方を押し付けられない代わりに、景気に大きな影響を受けます。

今現在、世界的に流行している例の感染症のため、各国とも軒並み経済的にダウンしています。感染症の方がワクチンなり対処療法薬で押さえ込めるようになっても今度は大規模な不況が待っているかもしれません。

そんな中で中東のＵＡＥ（アラブ首長国連邦）は、今までに貯まりに貯まったオイルマネーをつぎ込んで宇宙計画を進めているように思えます。最近の環境問題に次々と発生する課題（気候変化、巨大台風など）の原因が地球温暖化、すなわち化石燃料の燃焼から起こるという意見が次第に大勢を占めてきているのは事実です。するとオイルマネーで潤ってきた国はどうなるでしょう？　急激に化石燃料の消費が減るとは思えませんが、徐々に減っていく可能性は高いですし、石油資源自体も次第に減っていくでしょう。

筆者自身もＵＡＥの宇宙開発と聞いて最初は「なぜ？」と思ったのですが、化石燃料に対する風当たりが次第に強まっている状況や石油埋蔵量を考えると、彼らは彼らなりの「将来の模索」をしているのかもしれません。つまり石油産油国は一つは環境問題の圧力、もう一つは自国にある石油資源の将来の枯渇という問題を抱えているのは事実です。実際彼らは近年中の月着陸、そして１００年後を目標とした火星移住計画の発動を明言しています。

火星探査機を飛ばしてみせたということから考えて相当力を入れているのは確かでしょう。

しかし、ＵＡＥにしても潤沢なオイルマネーをつぎ込んだ富裕層のプロジェクトということに変わりありません。ですがこのような富裕層達の動きがいろいろ出てくるのは、民間宇宙開発の発展として重要です。あとはこれらのプロジェクトが事前に広くアピールして、周囲の多くの民間研究者や技術者等を集めていくという動きが出てくれれば本当に民間で広く行う宇宙プロジェクトが動き出すことができると思います。ＵＡＥの火星プロジェクトは海外の研究者を集めていたようですが、民間宇宙プロジェクト実施の際は広く人材公募を行うことが必要だと思います。

米中のライバル関係が反映する月探査

月探査については、日本も周回衛星「かぐや」を成功させていますが、特に注目すべきなのは中国の宇宙開発の勢いでしょう。そこで示された高度な技術も今後大きな鍵になりそうです。すでに月の表と裏にローバーを降ろした上に、月のサンプルを地球に回収するというアメリカ、旧ソ連についで3番目の国となりました。そしてこの本のための原稿を書いているときに、火星にローバーを降ろして活動を始めました。彼らが今後どのような方向性で宇宙開発を進めていくのか、技術力が高いことを考えると、この国の動向も今後注目されるべきでしょう。

このような中国の動きに対して、アメリカは「アルテミス計画」という大掛かりな月探査計画を動かし、自国だけでなく日本など数カ国に「アルテミス協定」への署名を求めました。つまり日本の月探査は当面アメリカが管理するアルテミス計画への対応が優先になりそうです。

さらに２０２１年６月に衆議院の内閣委員会で「宇宙資源探査開発法」が提案され賛成多数で衆議院本会議に回りました。その後参議院も通過し、６カ月後の施行を前提に6月23日付官報号外に記載され正式に日本の国内法になりました。その法律には資源の所有権の記述も入っています。

もちろんこういう所有権の記述はすでにアメリカで宇宙資源法が国内法で盛り込んでいます。同様に宇宙開発やその成果物に関して法案を作っているのは日本もそうですし、ＥＵのルクセンブルグもあります。今の状況だと無人探査機による資源探査・開発する企業に惑星の特定地域の所有権込みの国内法を成立させた国が出てくると、国連の宇宙法委員会も各参加国の利害がからむことでかなり難儀するかもしれません。

この点は南極条約と異なり、現状では各国の利害が先行する形になっています。そのため南極観測のときのような世界的な観測会議も招集されず、またＩＧＹ（国際地球観測年）のような世界中を挙げての観測キャンペーンも行われませんでした。

国際的な協定で最低限の決まりは設けておかないと、どの国も「我が国の国内法では問題ない」という風潮が出てくる可能性があります。

特にアメリカが制定した国内法のロジックは将来大きな影響を与える可能性がありま す。アメリカ国内法の理屈はこの法案にサインした大統領、オバマ氏の言葉でいえば「公海上で釣りをしたら釣り上げた魚はその人の所有物になる」です。

つまり宇宙でもなんでも国境のないところで物質的な資源を得たら獲得したその個人なり法人なりに政府が採掘権限を与えておけばいいわけです（そうしないと国が税金を取れませんから）。

宇宙協定では宇宙に領有権は認めていませんが、たとえば月に実質的に「半永久的」な基地を作ることを考える国があってもおかしくないでしょう。特に規模の大きい基地だと移転すら困難でしょうから、その場合はそれぞれの基地同士が横のコミュニケーションをしっかりと行い、基地群全体を国際協力拠点として使うようにするなどの方策が必要になってくるかもしれません。

南極観測もいろいろな問題に直面しそれを乗り越えて国際的な観測網を形成している

わけですから、月や火星への進出についてもこの経験を生かすべきだと筆者は考えます。

共和党と民主党の宇宙観

トランプ前大統領がNASAに命じたのは「アルテミス計画」という人類を再び月へ送り、そこから火星へという趣旨のミッションですが、宇宙資源の利用という項目が含まれています。この計画には「企業が月の経済を構築するための基礎を作る」という文言が入っています。

しかし2021年、大統領が民主党のバイデン氏に変わりましたし、その一方で感染症の猛威も続いていますから宇宙開発を含めた米国の予算の見直しが行われる可能性が大です。

バイデン政権1期目の4年間はおそらく、この感染症をどう終息させるか、そしてそのために低迷するアメリカ経済を如何に立ち直らせるかに関して予算を集中してきそうです。こういう状況では、NASAの宇宙開発はプロジェクトチームがすでに走り出し探査機などの発注や製作が始まっている計画に限定されるかもしれません。

　アメリカは共和党が政権を取ると「月開発で基地を作りそこを拠点として火星に行こう」といい始め、民主党政権になると火星に直接行こうとか小惑星を探査しようと言い始めたりするという、大雑把にいうとこんな傾向があります。

　ただ、現在各国で行われているような「科学探査」ならまだしも、それが拡張して「資源になりそうなもの（たとえば氷とか）」を調査することが計画に入ってくると、議論の場が宇宙機関だけではなく、国会での議論、あるいは国連の委員会での議論がメインになってくる可能性は高いのではないかと思います。

　今はまだそれほどの国際競争は発生していませんが、中国が最近行ったさまざまな宇宙開発デモンストレーションに対してトランプ大統領率いるアメリカがアルテミスで本気の実力を見せてやろうという思いがあったでしょう。つまり、まずは月を対象にして「宇宙の資源は誰のもの？」という問題提起が起こる可能性があります。

　月資源の問題についてはさまざまな議論が行われており、筆者も結構な数の文献を自宅に揃えていますが、宇宙法からみで「月は誰のものか？」などというきつめのタイトルの学術書もあります。それ以外にも多くの宇宙法に関連した専門書が出版されています。

つまり今後の宇宙開発（地球周回から月くらいまで）は、大富豪が自分の膨大な資金力で宇宙飛行を試みる一方、宇宙に存在する物質が科学研究の対象から資源として見方が変わる（存在箇所が確定し、ある程度の埋蔵量を推定できるようになる）と、その利害関係があらわになり、結局は議会や国際会議、そして国連での調整が必要になりそうな予感がしています。

どうしても経済面（あるいは経済面を含んだ国際関係）の調整が含まれるようになってくると科学者ではとても対応できない案件になるため、議員たちがローカルに行う国家間の意見調整をする傍ら、国連の委員会での交渉になるのでしょう。

火星探査と居住

月もそうですが、火星でも同じように火星に降りて短期間の探査をすることとは別に居住可能な拠点を作るためには持参する材料も種類が増え、さらには必要な資材の量や種類が相当変わってきます。

月で出てきた資源問題はまだ火星ではそれほど具現化していませんが、やはり極冠付近に氷があり水が得られる可能性があるということを想定している以上、氷を得やすい場所を自国で欲しがるという動きは将来火星居住が具体的になってきたときにあらわになるかもしれません。

恐らくですが、最初に火星に多くの人間を送りこんだ国が「いいとこ取り」してしまうように思えます。つまり氷ならば氷が一番効率よく採掘できる場所を事前に周回衛星で十分に吟味した上で、選んだ候補地点に集中的に乗り込んで資源採掘やエネルギー源、居住拠点などを作り上げて自分たちのテリトリーを作ることになるだろうと思います。

そうなると何が起こるかは想像がつきませんが、科学者と議員やビジネスマンとの間ではきちんとしたコミュニケーションを取るのがとても難しい、ということは感じています。

筆者は宇宙の物質の資源利用の研究者ですから、その研究の一環ということで月や火星基地のイラストを多数見ていますが、それらを見るたびに感じることがあります。たとえば月や火星基地構想で、地表にドーム型の施設を置く想像図が結構見られますが、大気のない惑星でたとえ小石ほどの隕石が直撃してしまったらどうでしょう（速度は重力加速度により増速しますから相当なものになるはずです）。たとえばそこが原子力発電のユニット（太陽電池だけではとても電力は賄えないでしょうからいずれ原子力発電を持ち込むことが必要だと思います）だったら……、ちょっとぞっとしますね。

火星の方でいえば、火星にはたしかに薄い大気はありますが、月と同じようなリスクがあると考えておくほうがよいでしょう。筆者としては惑星基地を基本的に地下に設置するのが一番理想的だと考えています。特に居住区やエネルギー施設は地下のほうが無難だと思っています。

そして火星について忘れてはいけないことは、大気が薄い割には砂嵐が吹き荒れることがあるということです。大きな嵐は惑星全面を覆ってしまいますし、今までの火星探査ミッションでも探査機に搭載された太陽電池パネルが発電不能になってしまうということも発生しています。

基地は地下に作るべき

火星居住のイラストなどを見ると、地球上の太陽光発電所のような太陽電池のユニットを地表にずらりと並べている姿をみることが多いのですが、本当に砂嵐に何度も叩かれてシリコンの太陽電池パネルを保護する表層ガラスが耐えられるのかどうか、また相手が砂嵐ですから地上にあるものの隙間という隙間に砂が潜り込んでくると考えたほうがよいでしょう。

そうなると、ある程度の期間は活動する居住基地では何度も大小の砂嵐を受けるでしょうから、結果として地表にあるものが傷だらけになり、あるいは機材の小さな隙間から潜り込んだ砂粒のせいで電気回路などに不具合が起こる可能性も否定できません。それに月や火星のように大気が無かったり薄かったりすると、宇宙空間を飛んでいるさまざまな放射線も大気のガードなしで降り注いでくることになります。また火星には（月もそうですが）十分な磁場がありませんから、地球のようにヴァン・アレン帯で太陽や銀河から降ってくる放射線や荷電粒子などから地表を守ってくれるわけでもありません。

その意味で、筆者は惑星基地の根幹部分は地下に置くべきだと考えています。地上にあると昼夜の温度差や隕石、砂嵐、放射線などの影響を受けてしまいます。なるべく大事なものは地下室に置くのが妥当だと筆者は強く思います。

個人的な意見ですが、地表にドームが並ぶ「惑星基地構想」のイラストを見ていると、これは南極観測基地のイメージが根幹にあるのではないかと思います。でも月には大気はなく火星では希薄な上に放射線も強く砂嵐まで起こります。それぞれの惑星の環境条件を着陸機で1年以上動かして環境変動を調査するというミッションを基地建設の前に組み込めばと個人的には思います。

こういう事前観測はやはり周回衛星の画像では難しく、地上に調査機器を積んだ着陸機をしっかり固定して長期間の環境変化を具体的な数値としてデータにすることが必要だと筆者は考えています。

あるいは長期に渡って動いてくれたローバー（とそれを運んできた着陸機）が送って

きたデータで使えそうなものを洗い出すことも必要でしょう。また、地上に取りあえず拠点を作ったらそこを基地としてヘリコプターや気球で低高度広範囲の精密観測をすることも重要になってきます。

また、小規模な土木工事も必要になりますから専門家のサポートが必要です。

第5章　これからの火星探査の進む道～具体的計画へ向けて～

人体への影響を克服できるか

前章では火星探査を含む宇宙開発の現状（国際関係や現地の物質を資源として使うときの法的側面など）を駆け足ですが紹介しました。

このような記述は類書にはほとんどないのですが、幸いその方面のエキスパートが筆者の友人にいるため、その方の知識を借りて極力簡単に記してみました。とても泥臭い話を書いてしまったのですが、今はどうしても経済中心の世の中なので利益が出そうなものにはどんどん投資をするがそうでないものには見向きもしないという風潮になっています。そのため宇宙開発の動機づけとして、科学研究のためという理由は昔と比べて特に弱くなっているような気がしています。現実の一端を知っていただければ幸いです。

とは言っても、これから人類が大型宇宙ステーション、月面基地建設を経ていずれは火星の居住へと向かうのはほぼ確実でしょう。この章では、火星に有人探査をするところから居住へ向けたシナリオについて考えてみます。

火星へ人類が進出するには無人探査機のデータだけでなく、可能ならば有人探査（最初の有人火星探査は後述するマーズ・ダイレクトになるでしょう）を最低1回か2回行っておく必要があります。

火星の有人探査として考えられているのは、一つは地球周回軌道上で大型宇宙船を組み立てて火星へ飛ぶというもの。そしてもう一つは大型ロケットで地上からいきなり火星へ向かう軌道へ宇宙船を投入するマーズ・ダイレクトがあります。

火星へ向かうとなると、月とは異なり長い期間がかかります。現在のエンジンでは最大で9カ月程度かかるといわれています。月探査のアポロ計画ではせいぜい数日ですからそれほど問題になりませんでしたが、これだけの長期間、宇宙空間にいたとき、人間はどうなるのかという問題があります。

飛行時間が長くなるため宇宙空間を飛んでいる宇宙線や太陽フレア（いずれも放射線や電磁波です）にもろにさらされることになります。量的には地球に住む普通の人間の一生分の放射線を浴びてしまうことになるため、生命の問題です。

現時点では、宇宙船の設計上こうしたさまざまな粒子線を地球上と同程度にまで長期間ブロックできる技術はないので、太陽フレアを回避するための決定的な解決策はないと筆者は感じていますが、飛行中の放射線レベルを下げることは可能だと思っています。

ＩＳＳの技術が利用できそうですが、ＩＳＳは地球周回軌道上を飛ぶため、いわゆる地球の磁場影響圏を振り切った宇宙空間とでは放射線対策が異なってくる可能性があります。そのまま応用するには、事前に相当精密な研究が必要でしょう。

もちろん放射線を遮蔽するだけなら鉛のように比重の大きい元素でできた放射線防御壁を張り巡らせばいいのですが、それでは宇宙船が重くなり、地球の周回軌道を振り切って外側の火星軌道に向かうためにものすごく強力なエンジンが必要です。

それでも全く手の届かない話ではないようですから、そう遠くない将来に技術の雛形ができる可能性はあります。

次に無重力状態です。長期間ずっと無重力でいるのは身体に対してよいことではありません。火星に着くまでに筋肉が弱まる可能性があります。

宇宙ステーションでは筋力トレーニングの機械を設置して無重力状態による筋力減衰に対抗しましたが、数カ月にわたっての飛行中、ＩＳＳに搭載したようなトレーニング装置で防げるのかという問題は捨てきれません。

そうなると小型のメリーゴーランドのような人工重力発生装置が必要になりそうに思えます。もちろん大がかりなものでなく宇宙船内の一部に組み込んで、そこにクルーがいつも顔を出すセクション（たとえば船舶でいえば船橋のようなもの）を置けば、クルーたちは知らず知らずに毎日ある程度の時間を人工重力下で過ごすことになります。筆者は医学の専門家でないため、この程度でいいのか判断はできません。いずれにせよ人工的に人間の身体に重力を与える恒常的なシステムを船内に設置することは必要になるでしょう。

過酷な環境とメンタルヘルス

そして長期間でクルーに過剰な負担がかかるミッションであればメンタルヘルスが重要になってきます。

宇宙飛行士のメンタルヘルスについては、多くの人たちがもっと多くの情報を伝えるため研究を積み重ねるべきというのが筆者の持論ですが、現状、宇宙での長期間滞在は

ＩＳＳ滞在しかないため、帰還後の宇宙飛行士にメンタルヘルス、あるいはメンタルケアについて、どの程度実施しているのか、有人宇宙探査を考える上で知りたいところでもあります。

宇宙船という完全閉鎖系では、話ができるのは数人の仲間だけ。それ以外の人間と話そうとしたら往復に数十分かかる遅れ気味の通信しかありません。

火星宇宙船の閉鎖系では、ちょっと動けば居住区を隅から隅まで動けてしまいます。外を見ようにも気密構造のガラス窓しかなく、月を通り過ぎたらあとは夜空だけです。

さすがにこのように変化のない状態での船内作業が続くと、人によっては軽いうつ症状などの精神疾患が出る恐れがあります。

こうした閉鎖系での人間関係や、変化のない生活に耐えられない人、精神的に参ってしまいがちの人がいるのはある意味仕方のないことです。そういう気質の人は宇宙飛行士から外す、と一方的に決めるのも宇宙ミッションを行う宇宙機関の方針として当然あっていいと思います。

しかし、仮にそうして作られた集団であっても、精神的に参りがちな人が一定比率で出るのは明らかです。実際のところ新たな集団の中に加わること自体、人間には多かれ少なかれストレスがかかるものです。さらに閉鎖空間で顔を合わせる人も固定している状態ではとても負担がかかるでしょう。潜水艦なども同様ですが、ただ乗っているクルーの人数が桁違いに多いのでいつも同じ人ばかりと仕事をするという面では探査機と潜水艦では大きく異なります。

今の宇宙開発ではさまざまなタイプの人間が宇宙で仕事をするようになりました。クルーのほとんどが軍パイロットだった、かつてのマーキュリー、ジェミニ、アポロという宇宙飛行士の系譜とは明らかに異なっています。

少人数の閉鎖系の人間関係で精神面に影響が出るのはそう珍しいことではなく、またメンタル的に弱いと判断されても能力やキャリア的にもどうしてもこのミッションの宇宙船に乗り込んでもらわないと困るというケースはあり得る話です。

長期間飛行のため、必ず医師が乗船するはずですが、医師には一般的な診療以外に精神疾患の治療ができる人を選抜する必要があります。医師と心理カウンセラーとの組み合わせで搭乗させることも考えられますが、ミッションのクルーの人数は限られるので医療関係者2名というのはおそらく無理でしょうから、医師が精神医学（いわゆる「心療内科」）の臨床経験だけでなく、心理カウンセリングのトレーニングを充分に受けたか、心理カウンセラーとしての実績を持っていることが最低限必要と思います。

ただし、精神医学系の医師が必ずしも適切な心理カウンセリングができるとは限りません。

日本を例に取れば、心療内科の医師は他の医師と同様に医学部で教育され医師免許を取り、経て病院に勤めることになりますが、心理カウンセラー（臨床心理士）は大学の心理学系学科の卒業が条件に含まれています。そして臨床心理学を教える「心理学科」は、日本の大学では主に文学部や教育学部など文科系の学部に置かれています。ですから、臨床心理士のカウンセラーと精神医学のトレーニングを受けた医学部卒の医師は全く異なるバックグラウンドを持っているということです。

そのため、クルーとして不可欠である、うつやパニック障害などの精神疾患に対応できる医師は、いわゆる臨床心理士が行う心理カウンセリングについてどうしても知識や経験が浅くなりがちという問題があります。

また、船内や火星着陸船内でのリクリエーションをいろいろ考えておくなど、クルーの気分転換の方法を準備しておかないと、ミッションが達成できないことは理解すべきで、医療担当者にはそのことを事前に充分レクチャーをしておく必要があります。

そういった意味からも、搭乗人員が限られる火星ミッションには、幅広い角度からメンタルヘルスの問題を解決できる人材が必要になるのです。

課題を克服するための準備

さて、このように具体的なミッションの課題を考えていくと、それを解決するために必要な物資を搭載しようとすると、宇宙船が大きくなりすぎて、地上から一気に火星に向かうマーズ・ダイレクトでは対応できなくなる可能性があります。

その場合、周回軌道上の宇宙空間で部品を組み立てて宇宙船を作る作業をしなければなりません。ＩＳＳではロボットアームでいろいろな作業をしていますが、宇宙船の建造となると規模も手順も全く異なるはずです。

無重力下での組み立て行為については実際にロボットアームや実際の船外活動などが行われていてかなり着実に進んでいると思いますが、放射線関係の「経験値」を積むためには、やはり今のＩＳＳの延命作業をしつつ有人月探査を行い、ある程度の期間滞在することが優先されるべきだと思います。

旧ソ連の宇宙ステーション「ミール」で相当長い期間滞在された宇宙飛行士の方がおられたので、医学的な情報はかなり公開されているはずです。それらの情報も参照した上で火星探査船のデザインが必要になります。もちろん、今火星探査を考えている人たちはこういうことを考慮しなければならないと当然考えているはずです。

こういう周回軌道上での作業ノウハウ構築が不足しているようなら、並行してマーズ・ダイレクトで無人火星探査を行い、現地で人間が生きていくための情報とノウハウを蓄積することになるかもしれません。長期間飛行や火星滞在での宇宙飛行士への被曝がどこまで防げるかという、まさに経験値を上げることができるでしょう。

面白いところでは、地球上に模擬居住区を作り、そこで宇宙服を着た人間がさまざまな活動をし、外部との通信には、わざわざ往復に時間のかかる電波を使う試みが行われています。無線機にタイマーを仕込んで、あたかも地球と火星間の距離を再現しているだけではありますが。

砂漠では重力や放射線のシミュレーションはできないので、あくまでも火星に降り立った宇宙飛行士の実験手順や外での作業の段取りをはっきりさせるために被験者を数人閉鎖系に閉じこもった生活をさせ、現地で行う作業を行ったりメンタルヘルス面の変化を調査を行うことがあります。アメリカの団体がハワイで運営している実験施設ＨＩ‐ＳＥＡＳはこのような目的で運用されています。

さてここまで、火星ミッションに関する具体的な課題とその解決方法を挙げてみましたが、まとめておきましょう。

一番大きいのは長期にわたって乗員が放射線を被る可能性があること。これはクルーの生死に関わるので、絶対解決しないと困ります。

さらに飛行中の無重力状態が骨や内臓あたりにどういう影響を及ぼすかを知る必要があるということ。そして少人数の閉鎖系で長時間過ごしたときに現れるメンタルヘルス上の問題を減らすことも医療上必要だということです。

日本にもＨＩ－ＳＥＡＳのような施設が欲しいのは確かです。火星ミッションのクルーはこういう環境下での訓練を通して自分のメンタルヘルスの維持方法を自分で見つけ出すことができるからです。

それでは次に、火星での「居住」にあたって、何をするべきかについて考えていきたいと思います。

火星開発の「始まり」

まず火星拠点を開発するには、水循環とエネルギー供給については十分なものを確保できることが条件になります。最初の有人火星探査が終わり、いよいよ氷なら氷を得るために拠点を作ろうと思ったら、その周囲を徹底的に調べるためにまず無人探査機に広域調査してもらうことになるでしょう。

拠点候補地点付近にローバーを降ろして地表環境はどうかということを調べることが必要になると思いますし、気温や気圧の変動や地中探査レーダーで地中にあると考えられている氷が引っかかるのかどうかを重点的に調べたいところです。

火星の地上開発はアポロの月着陸の発展型ではありますが、大きく異なる部分も多々あります。アポロの着陸地点は11号と12号はとにかく平坦な「海」で、赤道に近い低緯度地方に下ろすようになっていました。

これは緊急時にすぐ飛び上がって軌道周回船とランデブーすることができるように配慮したからです。

火星の場合は、月やＩＳＳと違ってすぐに地球には帰れませんから、拠点以外に「避難所」を作っておく必要があると思います。この避難所の一つとして人間を運んでくれる宇宙船が何か問題が起こったときの緊急避難用の施設として想定されるのは間違いありません。

そうなると大切なのは着陸機です。こればかりは今までの宇宙開発でやったことのない体制を取る必要があります。それは着陸後、事前に加熱や燃料補給などの準備をほとんどせず、数カ月以上動かしていない状態でも、緊急事態発生時にできるだけ短時間で着陸機のエンジンを再起動させる必要があります。、このように地上に降り立つ着陸機は非常時には火星表面から周回機に撤退するときにも使われるので宇宙機の構造としてもかなり高度なことが要求されると思います。

月とは違い、火星から地球に戻るためには780日ごとの打ち上げウインドウが存在しています。地球への帰還にも相当な時間がかかりますので、ISSや月面と違って緊急時にすぐに地球へ戻れるわけではありません。そのためクルーの安全な長期滞在を最優先にする体制（建屋の構造はもちろん、医療体制や帰還用の宇宙船も含めて）が不可欠です。

アポロ13のように地球へ緊急避難的に即刻帰ることが不可能な以上、火星に行った人間の安全確保のためには、火星にあるもの（地上の拠点、往復に使う宇宙船）で人間が快適に住めて医療関係もある程度の規模で対処できるというのが必要不可欠です。月と大きく異なるのはこの辺になると思います。筆者にとっては初期の南極越冬隊の基地をコンパクトにしたくらいの観測拠点&居住区がイメージに近いです。

最初は着陸船自体を居住区に使い、その次の段階で地球から持ち込んだモジュールを連結していく形になると思います。実際に現地で居住区画として建屋を作る場合、低重力を意識した構造計算が必要になるでしょう。

火星のどこに降り立てばいいか

火星上の拠点をどこに作るかについて、一部の論文では火星の氷の状況（極冠付近の直接観測や地下探査レーダーを使った観測によります）を見て、衛星写真で作った地図のことここ、というように具体的に指し示したものがあります。

ただ、現在私たちが持っている火星の情報は、周回衛星から見た大局的な情報と、着陸機がピンポイントで降りてその周辺をローバーが動くくらいの観測から得たものだけです。それではまだまとまった人数のクルーを何カ月も滞在させるような場所を選ぶには情報不足に思えます。

氷を得やすいのはやはり高緯度地方だと思います。もちろん中緯度でも地下に氷が溜まっているという地中探査レーダーのデータもあるようですから、あとは氷を取りやすい地形になっているかどうかが重要になります。

ただ、最初に着陸して比較的短期間の探査をするだけであれば、気温が低いなどのリスクがある高緯度地方より赤道に近いほうがよいと筆者は考えています。

もちろん長期的には氷を採掘し、水を得やすい場所やその周辺に拠点を設置することが大事です。

しかし、火星に降り立ったクルーたちにとっては、もし何らかの緊急時にとにかく火星表面を離れて乗ってきた宇宙船（母船）に退避できるようにするのが重要だと筆者は考えています。

帰りの宇宙船がどういう状態（完全無人で運用するか、何人かのクルーが火星上層大気や衛星の観測に当たる場合もあるでしょう）になっているかは別として、おそらくは赤道付近上空の周回軌道に乗せている可能性が高いでしょう。そのほうが黄道面近くで出発できるため地球に帰りやすいはずです。実は打ち上げタイミングと宇宙船の出力次第で火星での待ち時間を減らすことは可能です。しかし行きと帰りに要する時間は月探査などよりも遥かに長いので放射線やメンタルヘルスに考慮する必要があります。

研究者が論文上で「こういう所がよい」というおすすめの場所も考慮して、なるべく緊急時の離脱や帰還船へのアプローチもしやすい低緯度に最初の拠点を設けるのがよい選択だと思います。

物資の運搬と保管が重要に

では、長期的な拠点を設営するにはどのような手順が必要でしょうか。もともと火星に行くときに数カ月以上の孤立したグループの生活を送っていて、その状態で火星に到着と同時に一斉に拠点建設のための作業を始めることになります。すでに行きの段階でクルー全員にメンタルヘルス上の何らかの影響が出ているはずで、私たちがイメージする以上に過酷な状況で火星に到着するであろうことは考慮しておく必要があります。

有人探査船が行く前に、無人探査機で必要な資材やモジュールを運んで現地付近に降ろしておくことができればクルーにとっては負担が減ります。あるいは周回軌道に物資一式を保管しておいて、それを順次目的地を狙って降ろしていくということもありえるでしょう。

月であれば小さな与圧したテントに住んで、しばらく滞在したら帰りの宇宙船で数日後に地球に帰ることができますが、桁違いの時間がかかる火星ではそういうわけにはいきません。ある程度充実した居住空間を作るためには、必要な資材を事前に運び込んでおく必要があるのではないかと思います。

実際はクルーと一緒に資材も運搬できれば飛行中にテストなどができますから好都合ですが、やはりある程度の機能を持たせた居住スペースや採取したサンプルの保管や簡単な分析なども行うのであれば、資材は先に大型の無人機で少なくとも火星の周回軌道に送っておく必要があるかもしれません。

火星の地表に降ろした資材をどうやって組み上げるのか。たしかにテント式のものは楽に広げられそうに思えます。ただ、気密を月以上に長期間どう維持するのかという問題がありますし、砂嵐のときの対策も必要です。さらに通信用のアンテナも必要でしょう。これは宇宙船の無線中継が不可能な場合を考慮する必要もあるため、火星地表から直接地球に電波を届かせるくらいの施設が必要だと思います。

これらすべてを人力でやるのは無理ですから、最低限でも宇宙服を着たクルーが操作できる大型工具を用意する必要があります。拠点建設の規模が大きくなれば建設現場で使う小型重機に近いものを入れなければならないでしょう。

また、当初は太陽電池パネルを使わざるを得ません。前に書いたように、砂嵐が来るとまったく発電できない状態になるのは明らかですから、ある程度の容量のバッテリーを繋いで予備電力の備蓄も常に行う必要があります。

拠点候補地に、まずはこうした大量の資材を降ろし、さらには拠点を作るための装備を下ろす必要がありそうです。

最初はテントかカプセルのようなものを置くことから始めることになるでしょうが、次第に拠点の規模を大きくしていくときにはきちんとした気密性、温度差と放射線に耐える壁と柱の構造、そして砂嵐にも耐えられる外壁がなければなりません。その意味ではかなり本格的な建屋を作る必要があると思います。

そうしてとりあえず地表での生活が可能になったら、今度はいかにしてそれらの施設を地下に移動させるのかを考える必要があります。

繰り返し述べていますが、温度差や放射線などを回避するには施設は原則地下に置く必要があるというのが筆者の意見です。もちろん最初の居住者に全部やらせるというのは無茶ですから、第2陣やそれ以降の探査スタッフを継続的に送り込む必要があるでしょう。

火星拠点は地上から地下へと建設する

そして「建築物としての」基地を作るという作業は、とてもパイロットや研究者、医師といった既存の宇宙飛行士のキャリアだけで実現するのは難しいと思います。

南極観測の場合では「設営」担当者も現地入りするメンバーに入っています。火星だけでなく月拠点設営についても土木・建築系の「施工担当者」もある程度の人数現地入りしないと、きちんとした拠点を構築するのは難しいのではないかと筆者は考えています。

月でしたら、地球の軌道上でもう居住区に近いものをモジュールとして作っておいてそれをそのまま宇宙船で運んで月に着陸させるというやり方で最初からある程度の環境を持った拠点を設置できるかもしれません。

しかし火星は飛んでいくだけでも数カ月かかり、その間は放射線を浴びまくりです。あまりいい状態とはいえないと思います。火星については、有人の火星探査船のコンセプトをまず決めていかなければなりません。

そういうことを考慮すると、火星に居住拠点を作るということには現地まで行く宇宙船もそうですが、施工技術者を迎え入れるなどクルーの人員・専門分野の構成まで含めて考慮すべき問題が多いということです。

ただ、やはり基地と称するものを作る以上、それはモジュールを並べて配線するだけではなく基礎地盤から調べた上で土台を作り、建物の基礎をきちんと作り上げるという「施工」を行わないと、簡便に作ったものでは長持ちしないのではないかと思います。ただし、地下に拠点を作るまでの暫定拠点としてモジュールを地表にしっかり固定して居住や研究に利用することは火星拠点の発達にとって非常に重要です。

筆者は基地の設置は最終的に地下がよいという考えですが、未知の地盤での地下作業（恐らく一番簡便な、溝を掘って構造物をその中に作り埋め直す開削工法）では何が起こるかわかりません。そのため地下基地が目標といってもしばらくの間は地上基地で砂嵐などに対応するしかないと思います。そのため地上基地もきちんとした施工をするべきという考えです。

実のところ、日本のゼネコンでも火星での施工や開発についてきちんとまとめているところもあります。火星と基地、施工などという単語を入れて検索してみてください。すぐ「大林組」と会社名が出ますから。テクニカルな部分については大林組さんのホームページを参照するほうがよいと思います。

火星については色々施工技術などを検討している会社ですから技術検討もきちんとしています。

筆者も大学院の学生時代にこの会社の技術研究所の方々にはずいぶんお世話になりました。卒業して別のゼネコンに勤めるようになりましたが、それでも建設業連合での宇宙開発の研究会があったのでそこでいろいろな会社や専門の違う方々と知り合うことができ、多くの知識を頂けたと思っています。筆者が学生時代にお世話になった方々はほとんどが定年を迎えてしまっていますが、たまに学会などでお会いできるので筆者としてはそれも楽しみにしています。

基地を作るといっても、テントを置くだけで済ませるようなわけにはいきませんから、有人機も一緒に行くかどうかは別として、おそらく輸送用宇宙船を飛ばして物資を火星周辺（あるいは候補地点周囲の地上）に降ろして展開させることが必要なのは明らかです。拠点設営のために初期に集積させなければならない物資の量と種類、それによって物資を輸送する火星輸送機のデザインが決まるのかもしれません。

有人機も火星への離着陸が可能なシステムと、着陸船は特に初期段階では地上に置くしかありませんから砂対策や、前記のように緊急時にすぐエンジンスタートしてクルーを待避させるための機能が不可欠です。

予想される資源を巡る国際競争

火星に居住しようと考えるような発想が出てきた時点で、前述した「資源のゴタゴタ」が国家間で発生する可能性があります。

火星でまず手に入れたい資源といえばやはり水です。火星周回機の地下探査レーダーで北半球の地下には氷と思われる反射が見られるということですから、これは火星が冷え大気が減っていく中、岩盤の隙間に集まった水が地下にたまり氷になったと考えることができます。

そうすると、「どこを掘れば氷がたくさん取れるのか」ということで「水資源」の話が出てきます。北半球の平地であれば、どこを掘ってもだいたい氷が取れるというなら問題はありません。しかし、たくさん取れるところとそうでないところに大きく差があるようなら、資源奪取の論争が地球で始まるのは間違いないでしょう。

氷が多く取れるところに基地を作るのが一番便利なのは明らかです。水は飲料水にもなりますし、電気分解して水素と酸素に分離すればそれは強力なロケット燃料にもなります。

前にも書いたように「water for drink, water for burn」です。どこの国も水を少しでも多く確保できる地域があれば、そこに自国の火星基地を作りたいと考えるのが普通です。それで資源（この場合は氷というべきでしょうね）に関する論争が始まるわけです。

ただ、どの国も一緒に火星探査するわけではないと思われますから、先乗りしてよいところを見つけたらそこはその国が基地を作っても仕方ないというくらいの話になるかもしれません。資源開発がある程度進んだら、各国の利害関係に関する問題点を整理する場を設けなければならなくなるでしょう。

先に一緒に火星探査するわけではないとは書きましたが、火星への打ち上げウインドウが780日ごと（ウインドウ自体は1カ月程度開くそうです）なので、同じウインドウで打ち上げた複数の火星探査機が同じ時期に火星に到着し、どちらも着陸を狙っていたとしたら……。ほとんど同時期に異なる国籍の火星資源探査船が火星に着陸する、というケースもありえます。

両方とも大して氷が取れなかった、あるいは両方とも大漁だったのならそれはそれでハッピーですが、一方が大当たりでもう一方が大外れということになると国際社会で議論が起こりそうです。

もちろん、今現在で惑星に存在する物質を資源として利用するとか、あるいはその埋蔵量を巡って国同士でもめるということは起こっていないので、この手の論争が始まったらそれはどういう形のものになるのかわかりません。しかし筆者としてはあまり過激な方向に向かなければいいと思います。

現状では細かいとはいえ衛星データから作った地図と、数カ所にピンポイントで降りた探査機がローバーで周囲を動いて調査したという段階です。それにまだ火星の環境についてはわかっていないことが多いのも事実です。当面は水資源がどうのという前に徹底した科学探査の時代が続くと思います。

現状、科学探査の情報が十分に集まらないと水を狙った探査というものを企画するのはコストパフォーマンス的にちょっと厳しいでしょう。ただ科学探査でたまたま氷がたくさん取れるところに降りた場合、豊富な水の出るこの場所を今後どういう風に活用していくか、という議論が起こるかもしれません。

まずは現在のような科学探査をもっと行った上で、氷なら氷を狙った探査をすることになると思います。そして水（氷）がある程度得られたらまずそこに屋外型の居住基地を作ることになるでしょう。そこでは水は飲料だけではなく食料になる野菜などの生育にも必要になってきます。それに植物は二酸化炭素を吸って光合成しますから人間の呼吸で出る二酸化炭素の軽減にもつながります。

火星開発に必要とされる技術

筆者は長期的に使う基地は地下に設置する方が安全だという考えを繰り返し述べています。ただ前述のように、地下に拠点を広げるには居住区や各種施設だけでなく、「温室」も地下に降ろさなければなりません。太陽光は素通しの窓にするのか、それとも光ファイバーを使って取り込むのかはわかりませんが、放射線を避けるために地下に施設を移す作業が大がかりになるのは確実です。

月では地上に設置した基地の上に月の表土（レゴリスといいます）をかぶせてやれば放射線防御できるといわれていますが、具体的にどのくらいの厚さが必要なのか、まだ諸説があるため月でも試行錯誤になりそうです。

火星でもこの手が使えるなら地上に天井低めの施設を作って上から表土をかぶせると

いうことも可能です。ただ表土の状態が充分にわかっているわけではないので具体的にXメートルくらいあればよいという指針が出せません。それゆえ火星でも表土がどの程度放射線を遮ってくれるかというのも調査課題になると思います。

これは地下に拠点を置くときも同じで、地下何メートルに設置して上に土をかぶせれば（地下に置く施設の壁や天井自体が持つ対放射線性能を含めて）よいのかは未知数です。無人探査機か初期の有人探査の際にボーリングで穴を掘った上でその中に放射線計測器を入れて実際に測ってみないとわからないというのが現実でしょう。

南極観測基地のときもそうでしたが、人跡未踏の土地に基地を組むには建築・土木の専門家や技師・作業員の方々の技術的サポートが不可欠になります。

まずテント型の建屋を考えている人たちは基地設営のときにテント同士の連結面などに隙間ができがちなのが困るのだと思います。それなら最初から袋型のテントみたいなもので、という考えも理解できます。ただそれだとどうしても大きなものが作れませんから、やはり地上の建築と同様に壁と壁、柱と壁を接着するということが必要になると思います。通常の施工では真空チャンバーを置くことが多いので、住宅構造全体を気密にすることはハードルが高い技術です。

このような構造物は、建屋は気密構造にして、そこに空気を入れて与圧しなければなりません。そのような作業に必要な部材や塗料、接着剤などの開発も今後重要になってくると筆者は考えています。たとえば建設材料（セメントの代替品など）を作ろうとしたら、月のように大気がない、火星のように大気が極端に薄いという惑星で使える材料の開発はかなり難しいものと思います。

工事用の重機にしても惑星探査機（特にローバー）の技術を生かした小型のものが開発できるかもしれません。まだ先の話になるでしょうが、火星の前に月での滞在というのはシナリオに入っていると思いますので、いずれにしても惑星開発用重機の検討も近い将来には視野に入ってくるのではないかと筆者は想像しています。

おそらく駆動系（モーターを使うでしょう）、あとは車輪またはキャタピラの設計がかなり難しい気がします。

ただ、月でも火星でも施工に関する大きな問題は多分同じで、重力が小さい中で表土と車輪の噛み合わせや駆動系の出力をどのくらいに設定するべきかという問題を一つ一つ解決していかねばなりません。

いつになるかはわかりませんが、将来の宇宙開発や惑星探査ではいわゆる科学観測用ローバーだけでなく、過去の経験を踏まえて設計された小型の重機も混じって惑星表面を走るようになるかもしれません。

幸い、日本は建設業が発展している国なので、重機の開発にしても高い技術を持っています。まだ未来の話になるでしょうが、宇宙開発用重機の開発を行おうという時期が必ず来ると筆者は思っています。

そして居住基地を作るときはやはりエネルギーが重要になります。前にも書いたように、太陽電池のパネルを置くというものだと砂嵐が来たときに発電できないのは当然として、パネルなどが破損しないのかというのがとても気になります。

宇宙空間の場合、最初のエネルギー源としては太陽電池というのがスタンダードですから、これを用いるのは当然として、表面保護にどのくらいの強度をもたせてやれば砂嵐に耐えうるか、その設計ができるかどうかだと思います。

探査機に取り付けてあるもの程度なら一度くらいの砂嵐でも大丈夫でしょうが、基地に設置するということになると、長期間の使用になりますし、砂嵐を受けることによってどうしても表面の保護ガラスが次第に傷んでいくということが起こります。これらの保守点検も重要な作業になりそうです。特に太陽電池はシリコンですからこの板を傷めるわけにはいきません。

環境調査と事前の訓練

これまで述べてきたことからおわかりのとおり、火星に居住基地を作る前に候補地点で長期間にわたる環境変動をきちんと記録しておく必要があります。現在火星に降りている着陸機やローバーが年単位で長生きしてくれているのでその情報を集めることは当然ですが、砂嵐などの特異な現象のときにはどうだったのかということについてまだ情報を集めていかなければいけないと思います。

そうなると、火星居住ということを考えだしたときに、当然いくつかの候補地点が挙げられるはずですから、そこに着陸機を降ろして「基地を設置できる場所かどうか」を判定するような観測が必要になるのかもしれません。

あるいは今までに降ろした着陸機のデータを見て、それらの降りたところで一番よさそうな場所を選ぶという方法もあるでしょう。どちらにしても候補地点の選定とその環境調査は何らかの形でやっておかないといけないと思います。

特に激しい砂嵐で叩かれた太陽電池パネル表層の損傷などは、現地に行って具体的に機器の損傷の程度を見なければ知ることができません。そうなると今後火星地表に配置する機器の表面の損傷と砂嵐の規模が比較できれば、少々乱暴ですが、気象条件から機器表面部の傷み方も推定できるでしょう。

あるいは着陸機に周囲の風景を撮影するカメラだけでなく、自分自身の機体がどの程度損傷しているか観察するカメラを搭載しておく方法もあります。

たとえば赤道付近と高緯度地域の違いだけでも今の着陸機の情報である程度見当がつくはずですから、事前に環境全体の比較検討することが必要です。少なくとも重力や気圧といった基礎的なパラメータだけでなく、大気があるがゆえに起こる砂嵐や大気の薄さによる地表での放射線量などを調べた上で、居住施設の基本設計が必要になると思います。

今までの火星探査機では、あくまでも火星そのものの調査で探査しているので、火星という星の表面環境はどう変化するのだろうという視点での観測は少ないです。特に着陸機自体がどう傷んでいくかという視点のデータは得たいところです。その意味では火星探査機の情報が居住のための情報としてどのくらい使えるのか確認しておく必要があります。

それには環境観測のための着陸機を降ろして、探査機自体の劣化状態を含めた長期間の調査をしておいたほうが無難ではないかと筆者は考えています。

やはり短期間だけ着陸して電池が切れたらそれでおしまいという無人探査より、周辺環境や探査機本体のさまざまな劣化状態を観測するミッションを実現することは、はるかにハードルが高いでしょう。

現地にある物質の利用にしても、酸化鉄の多い砂以外ではやはり水ということになりそうです。エネルギーが十分に得られれば、特定の鉱物種を加工して物質を得ることができそうですが、それにしてもまだ火星では細かい鉱物探査をしているわけではありません。

ですから、どういう鉱物が濃集しているのかなどの情報を集めていく必要があり、もしかしたらこの作業は最初の居住地を拠点にしての調査課題ということになるのかもしれません。

いずれにしても科学探査の情報だけでは拠点の設置というアクションを起こすには情報が不足していると思えます。居住を考えた調査（探査）とはどういうことなのか、それはどういう形のものになるのか、今後考えていく必要があると思います。

今はどうしても科学探査が最優先で行われています。ですが居住ということを考えると測定する項目もかなり変わるはずです。その違いを明確にした拠点設営のための環境調査ミッションもいずれは実施する必要があるでしょう。

そしてもう一つ大切なのが事前の訓練です。居住ということを考えれば当然ですが人間が火星の地を踏むわけです。そのときに戸惑わないように、地球上で火星に似た場所を選定して、事前にそこで訓練をする必要が出てくるでしょう。

月探査の場合も北米内やハワイなどの場所で宇宙飛行士の訓練をさせていますし、火星についてもＨＩ‐ＳＥＡＳで行っていますので、生活の機能面だけでなくクルー一人ひとりのメンタル面まで踏み込んだ研究データを蓄積しておくと思います。

中国では、ゴビ砂漠に火星での暮らしをイメージしてもらうための模擬施設「火星1号基地」という施設を作りました。これは一般の人や子どもたちに火星について知ってもらおうという意図でつくられたもののようです。

またロシアでは、宇宙船で火星へと向かう数カ月、さらに着陸して生活の準備を整えるための期間として520日間の閉鎖系居住訓練を行っています。

確かに月とは異なり火星では行き帰りの往復でも数カ月かかり、さらに現地での調査期間を考えるとかなりの長期間、閉鎖系空間で少人数の固定されたメンバーだけで生活するため、その実験もしておかなければなりません。

どうしても数カ月以上、年単位の期間が必要とされる火星探査ではそこに行く人間一人ひとりの性格や適応力が求められるというわけです。このような試験も並行して行っていかないと、火星探査に適した宇宙飛行士の選抜が難しいことになります。

火星探査には年単位の期間が必要とされますから、事前に訓練を受けて長期間の閉鎖系の生活に対応できる人を探していかなければなりません。

その際は宇宙飛行士の選抜段階からいろいろなことを考慮して行わないといけないということです。高度の専門性も要求された上でメンタルの強い人間をクルーに選抜する必要があります。

しかし宇宙船や基地の構築・運用に不可欠な人材が必要になりますが、その有力候補となっているメンバーを、メンタル的に少し弱いということで弾いていたら、本当に必要な技術や知識を持ったクルーを集めることは難しいと思います。

それゆえ、メンタルヘルスという側面でクルーの「こころ」をサポートする人材もまた不可欠です。

旧ソ連の宇宙ステーションで2年間飛行し続けた飛行士の経験談が日本語訳で出ています。『地球を離れた2年間』（ワレリー　V・ポリャコフ著　鈴木徹訳、宇宙開発事業団 千口美春監修　WAVE出版　１９９９年発行）という本です。これを読むと、飛行士の心理をうかがい知ることができます。

心理変化は、飛行中はもちろん、帰還後に詳細に調べられているはずなので、これらの情報を前提とした精神医学だけでなく、心理カウンセリングにも対応できる医師が必要になります。

有人探査と「貨物船」構想

火星でどういう形で基地が発展していくのか、それはよく見えないところもありますが、多少は想像できると思います。

無人探査で見当が付いてきたら、次は有人火星探査になるのは間違いないでしょう。火星の地上に宇宙飛行士が降り、着陸船を居住基地としながら探査をして軌道上の宇宙船に戻り、地球へ戻ってくるということになります。

火星と地球との宇宙船を飛ばすウインドウは10カ月以上ひらいているので、好きなときに向こうを出発して帰ってくることは難しいのが困ったところです。しかし、もう少しパワーを付けて火星への到着期間をもう少し短縮できれば、火星から見た「地球への帰りのウインドウの直前」に到着することは不可能ではないようです。

もしそのような軌道設計ができれば、探査は何カ月も帰りを待たずにさっと短期間の調査をしてあとは自動観測機を設置した上ですぐに軌道上の宇宙船へ戻って待機する。そして、帰りのウインドウが開き次第地球に帰ることが可能になります。

こういう探査のときには、アメリカが実現したヘリコプターを持ち込むことが重要です。これを使えば着陸機から離れたところを効率よく低高度で詳細に観測することができますから。その意味ではアメリカの探査機「パーサヴィアランス」搭載のヘリコプターの飛行は画期的だったと思います。

このような有人探査はもちろん1回だけということはないでしょう。場所や季節を変えた複数回の探査が必要になると筆者は考えています。

ただし、クレーターの多い南半球に降りるのは当面避ける必要があります。その意味では平坦な北半球に降りるのが一番いいと思います。とはいえこれについても、衛星と低高度観測器による地図ができてくることで、険しい地域の近くに降りて調査に行くことはできるはずです。

そのような火星有人探査を何回か実施して経験を積んだところで、いよいよ居住ということを考えた火星基地について考えていくことになると思います。

そのときには前記のようにヘリコプターや気球が有効な観測機になります。稼働効率がよく低高度観測ができる上、有人ではとても行けないところでも調査できますから。特に険しい地形の地域について衛星画像から作成するもの以上に詳細な起伏図を作ることが可能になると思います。

また火星へ行く宇宙船の建造についても考えておく必要があります。これは地球の周回軌道上で組み立てることになると思いますが、実はまだ人類は宇宙空間での「作業経験」はそれほどありません。多分ＩＳＳを建造するときに行った作業が一番大規模だと思います。ステーションと、エンジンや燃料を搭載した宇宙船とでは作業内容がかなり異なるでしょうから、有人火星探査機の組み立てなどでじっくり経験を積んでおく必要がありそうです。

最初の拠点では、観測作業だけでなく、小規模でも温室を作り、食料確保も兼ねて植物栽培を実施する必要があるでしょう。

月でも火星でも植物栽培は項目に入っています。これは将来的に「温室」が「農場」

まで規模が大きくできれば、人間の呼気に含まれる二酸化炭素の浄化と、食料の確保に繋がり、不可欠な存在になるからです。二酸化炭素の浄化は、やはり植物による光合成が一番自然だと筆者は思います。

そして拠点作りのための「偵察探査」をしている間に、火星へ行く宇宙船も相当の改良が必要になります。

最低限の人数による短期間の探査だけなら、短期間の生活環境を運び出せる宇宙船と着陸機でも可能かもしれませんが、拠点を作るとなると本当の意味での「貨物船」が必要になります。

貨物船の構造はどういうものにすべきかの検討も必要になってくるでしょう。火星だけでなくどこに行くにしても、資材一式を持ち運ぼうとすれば貨物船が不可欠なものになると筆者は考えています。

宇宙用の貨物船ということでは、ＩＳＳに資材を運搬する小型カプセルがありますが、エンジン付きで地球軌道から出発して目的の惑星へ行くという貨物船については、そういう宇宙船のデザインを筆者は見たことがありません。

おそらく貨物専門というよりも探査に必要な人員を載せた上で必要な貨物一式を運ぶかたちの宇宙船の設計になると思います。

おそらく火星拠点の前に月拠点の計画が動くはずですから、そのときに開発される様々な機材を参考にして火星計画は動いていくのだろうと思います。予想できないこともたくさんありますが、有人探査があってその上に拠点構築計画が動くのでしょう。そしてその際に必要とされるさまざまな機材（大量の貨物を運べる宇宙船も含めて）が開発されていくでしょう。

これは極論かもしれませんが、貨物船についてはカプセル状の構造物すら要らないかもしれません。運ぶ機材をきっちりと固定して周囲に合成樹脂のシートを捲いておき、そこにエンジンと制御部分を連結するということも可能性はあります。この場合貨物船は無人になりますから有人船のコントロール下で運用されることになります。

火星の二つの衛星も調べが進む

今までは、まずは宇宙開発の全体像ということで周回軌道、月、そして火星のことを簡単に説明し、その次に火星に本格的に取り組むにはどのような作業が必要なのかについて、簡単ですが紹介したつもりです。

特にクルーのメンタルヘルスの維持や、基地を作るためには土木や建築の技術を持った人たちも現地に乗り込んで火星で使いやすい建設重機を使って基礎からきちんと作る必要もありますし、筆者自身の意見としては地下基地のほうが安全だからそのような工事も念頭に入れたほうがよいだろうということを述べてきました。そして宇宙飛行士の選抜についても、まずは閉鎖空間で数カ月以上暮らしていける人間を選ばなければならないとも述べました。

火星には、火星本星だけではなく興味深いものがあります。二つの「月」（衛星）であるフォボスとダイモスです（図11、12、15）。

どちらもたまたま小惑星帯の軌道を離れた小惑星が、火星の重力に捕われたのではないかと考えられていますが、最近は火星に大型隕石がぶつかったときに地表から飛び出した物質が冷え固まったのではないかという説を唱える研究者もいます。

その意味ではこれらの衛星についてもきちんとその岩石種を調べ化学分析してその起源を明らかにする必要があります。特にフォボスは変わっていて、小さな天体に非常に大きなクレーター、スティックニーがあります。これだけの大規模衝突が起こっても天体として飛散しなかったというのはやはりすごいことだと思います。

この分野については元JAXA宇宙科学研究所教授の藤原顕先生が若い頃からずっと研究されていて論文も何本も出ていますし、小天体の衝突現象やクレーター形成の分野では世界的に評価されています。

筆者は「はやぶさ」プロジェクトでカメラ観測チームのリーダー兼小惑星観測時の広報担当もしていましたが、藤原先生はProject Scientistとして科学者チーム全体を統括する立場におられました。

話を戻しますが、ではこれらの衛星をどうやって探査するかについて、いくつかのアプローチがあると思うのでそのことについて書いていこうと思います。

まず火星の衛星については、着陸機を備えた探査機が衛星軌道に入るため、その際に多少の軌道変化をさせてこれらの衛星に接近して画像を取るということはバイキングの軌道観測機に始まり、それ以降の周回機でもカメラで撮像することが試みられています。ただ、これらの衛星に着陸はしていないので詳細な情報が得られていないということもまた現実です。

どちらも大きさとしては月などと比較できないほど小さく、小惑星と考えたほうがよいくらいの大きさです（球で近似するとフォボスは直径22キロメートル、ダイモスは直径12・6キロメートルしかありません）。そのため夜空を大きく占めるというほど大きいわけではありません。

ＪＡＸＡでは現在火星の衛星探査ミッション（ＭＭＸ）を計画していますから、これが実現したらいろいろな情報が得られると思います。さらにミッションプランには、どちらか一つの月からのサンプル持ち帰りも構想に含まれています。サンプルを調べることができれば、上記のようにこれらの衛星が火星に捕まえられた小惑星なのか、あるいは火星の地殻が溶けて固まったものか知ることができると思います。

私は年齢的にもうミッションメンバーにはとても入れませんが、ＪＡＸＡのＭＭＸが動き出したら、探査機が撮像したフォボスとダイモスの画像は絶対見たいですし、サンプルリターンが成功したら、その分析結果を是非論文で読みたいと思います。自分の宇宙資源の研究にも役に立つと期待しています。

また今後、多くの着陸機が火星のいろいろな場所（特に氷と生命の痕跡探しを狙って）に向けて打ち上げられるはずです。そうなると、着陸機（中にはローバーを仕込んでいることでしょう）を抱えた周回機は着陸機を切り離したあと、もしかしたら着陸機の無線通信の中継が必要になるかもしれません。周回機の軌道の選択によればこれらの月に接近してクローズアップ画像が得られたり、分光器を使った精密な色分析なども行って表面物質がどういう種類の鉱物を含んでいるかについて多くの情報が得られます。あるいは小型プローブのような計測器を打ち込んで化学分析をすることなども可能になるかもしれません。

そして有人での火星探査が始まった場合、クルーの配分はどうなるのだろうと思っています。たとえばアポロの月着陸では軌道を周回する本体に1名が残り、残り2名が月着陸をするという方法をとっています。

火星有人飛行のときはどうなるんでしょう？　気になるところです。アポロのときよりはもちろん技術が進歩していますから乗ってきた全員が火星に降りてしまうのでしょうか？

私はこの点については懐疑的です。やはり火星を周回する宇宙船にもクルーが残って管理をする必要があると思います。

ＡＩがどこまで進歩しても、やはり人間のクルーが残って非常時に対応するという発想は必要かと思います。そしてもしも宇宙船にクルーが残るとしたら、その人たちの大きな科学的観測課題には、火星地表を鳥瞰的に観察して記録するというだけでなく、きっと衛星の観測もプランに含まれるはずです。

今後本格的な火星衛星の調査ミッションが立案されたら、周回機をフォボスやダイモスに「着陸」させておくということも考えられないわけではありません。

火星有人探査の場合、このような形での火星の衛星の観測が火星本体の観測と同時進行で行われるだろうと考えています。また、これらの衛星に大型の無線中継基地を設置することで地球への通信が楽になるのは確かでしょう。その意味でもこれら二つの月を探査すること、そして地上の基地を補助する施設を置くことは重要なことだと思います。

火星の衛星に関しては、小惑星が火星重力圏に捉えられた天体と考えられています（そうではないという説も最近出ています）。私たち惑星科学の研究者が初めて小惑星（と思われる）という天体の形や地形などを見たのは、バイキング周回機が得たフォボスとダイモスの画像でした。

ですから「はやぶさ」のキックオフになった1985年の「小惑星サンプルリターン小研究会」に筆者が大学4年で参加した時点では、小惑星といっても小惑星の画像がそもそもない状態でしたので、火星の衛星が唯一「小惑星に酷似した天体」ということで、この地形などの解析で小惑星ではどうなるのだろうかと考えていました。

その後、アメリカの木星探査機ガリレオが1991年に951番小惑星ガスプラ、1993年に243番小惑星イダに接近し、私たちは初めて実際の小惑星を画像で見ることができたというわけです。

筆者自身も「はやぶさ」計画に長く関わっていましたが、初期のワーキンググループではガリレオの画像がまだ得られていなかったのでフォボスやダイモスが一番小惑星に近いものという前提で地形を考えるしかありませんでした。その後実際の小惑星の画像やそれを解析した論文が出てきたため、「はやぶさ」での地形観測をより具体的にイメージして考えられるようになりました。

火星の二つの月、フォボスとダイモスは私たちに「どうも小惑星というのはこういう感じのものらしい」ということを教えてくれた、とてもありがたい天体です。

火星探査のチームも火星本体だけでなく具体的にこれらの衛星もきちんと調査しておく必要があると思います。これは相手の起源が小惑星なのか、それとも火星の地殻が溶けて固まったものかで異なりますが、どういう岩石（鉱物）組成をしているのか、そして化学分析でどんな元素が含まれているのかをはっきりさせておく必要があります。場合によっては表面のサンプルに含まれる微量元素や同位体の組成を知ることでその起源をより明らかにできると思います。

ですから火星の探査という場合は、火星本体だけでなく、その月について十分に調べることも同じくらい重要だと筆者は考えています。そのためには、火星とはやはり別の天体なので、それが周回宇宙船の側にあるならきちんと探査して情報を集めなければならないと思います。

これが小惑星であったとすれば、どのようなタイプの小惑星が紛れ込んできたのかをはっきりさせることで、これらが小惑星帯からどのようにしてやってきたのかについて情報が得られることになるでしょう。

そしてもし火星の溶けた地殻が固まったものであれば、その組成と今の火星表層の地殻の組成、さらには火星から飛んできた火星隕石とを比較することで新たな知見が得られることでしょう。

いずれにしても火星の衛星は火星そのものと同じくらい重要な研究対象だと筆者は考えています。今後、火星での人間居住を考えるといろいろな火星探査が事前に行われるはずですが、その中にはフォボスとダイモスの調査という項目も入れておくべきだと思います。

フォボスとダイモスを積極的に利用するということも考えられます。安定した軌道で回っている衛星であれば一種の観測衛星でもありますし、それを応用して砂嵐などを観測する気象衛星や、地球との間の通信中継点にも使えそうです。

フォボスの方は火星表面から見ると一番大きく見えるときには地球から見る満月の3分の1程度の大きさに見えますが、ダイモスの方はほとんど明るく輝く星としてしか見えません。

もちろん、大きい月のフォボスですら満月の3分の1くらいの大きさですから、皆既日食という現象は起こりません。フォボスやダイモスの影が太陽の一部を隠すという「太陽面通過」という現象は起こります。こういうことを考えると火星の表面に人が立っていて「お月見」という感じにはならないようです。

そして火星のこれらの月は、将来小惑星の物質採掘などの試験場所として使える可能性があります。すでに小惑星探査機は日米で何機も上がってサンプルを回収してきていますが、それは降りてすぐサンプルを取り、離脱するタッチダウンが多く、きちんと着陸した上で表層を調査し、周囲にどういう物質が分布しているかなどの「資源探査」に近い探査はまだとてもできない状況です。

そうなると、火星探査の際に軌道上に周回機がいる以上、火星の月を探査するのはフォボスとダイモスについて知るという以上に探査技術のさまざまなテストができる場所にもなりえます。

特に極端な低重力の中で探査機を固定して、岩石の採取や分析を行うことが必要になりますし、小惑星（この場合は火星の衛星のことですが）の表面を多少は移動しないと特定の場所の観測しかできないことになりますから、小さい重力のもとで地表を少し離れ、移動する必要があります。

おそらくこの辺の探査機運用は相当難しいと思います。そういう探査を実現するための試行錯誤を行うには、大きな惑星の衛星で、軌道もきちんと決まっている上に潮汐力のため、地球の月と同様に火星に対してはいつも同じ面を向けているため、作業箇所の設定も比較的行いやすいのではないかと筆者は考えています。

火星の衛星は、これらの天体自体の調査だけでなく将来の小惑星探査の試験場として有効でしょう。さらに火星軌道の外側には小惑星帯が控えているわけですから、小惑星帯へ探査機を飛ばすための中継基地としても使えるかもしれません。

火星の衛星はその意味で、火星探査やそこより遠くへ探査するときの足場になりうるだけの利点を持っています。将来の研究者や技術者が、その点もきちんと考えて火星計画を立ててくださることを筆者は願っています。

火星の衛星が小惑星並みの大きさというのは、それ自体がより遠くを目指す基地としてのアドバンテージです。

地球の月の場合、重力が大きく、周回軌道から降りてまた周回軌道に戻ってくるだけでも相当なエネルギーが必要です。火星の衛星の場合はそういうことはほとんど考える必要がありませんから、科学調査の対象としてはもちろん、火星周回軌道上の宇宙拠点を作る場所としても大事な衛星だと筆者は考えています。

おわりに

ここでは、本書をごらんになって火星という星に興味を持たれた方がいらっしゃれば見ておいたほうがよいサイトをご紹介したいと思います。

サイトですが、まずNASA、JAXA、ESAは定番ですね。トップページから検索するといろいろなページに行くことができます。外国のものは当然英語で書かれているわけですが、知っている単語を拾って写真などを見ながら手探りでいろいろ探していくことができます。特に最近はブラウザの翻訳機能もよくできていますからこれを活用するのもいいですね。

NASA　https://www.nasa.gov/

JAXA　https://www.jaxa.jp/index_j.html

ESA　https://www.esa.int/

注意すべき点として、ESAはもちろんEUと深い連携関係があるのですが、EUの一部門ではないことがあります。ですから、ヨーロッパの宇宙開発ということでは、フランスのCNESやドイツのDLRが独自にロケットを打ち上げることもあります。こちらのトップページもご覧になったほうがよいと思います。

CNES　https://cnes.fr/　これは「クネス」と読みます。

トップページがフランス語で圧倒されますけど、ページの右上にEnglishというボタンがあるのでそれを押してください。

DLR　https://www.dlr.de/DE/Home/home_node.html

ここもいきなりドイツ語で出てきますが、ちゃんと上の方にENGというボタンがあるのですぐ英語ページに移りましょう。

ちなみにESAはCNES、DLR、そしてイタリア宇宙局が主に運営しています。

ここでは宇宙機関のページだけを紹介しましたが、それこそ検索ページでいろいろな単語で調べると思ってもいないようなページも出てきます。そうやってネットの海の中で宇宙の情報を集めていくというのもおすすめです。

とにかく思いつく限り、惑星とか太陽系とか関連しそうな単語を入れていくといろいろなサイトが出てきます。

あとは、日本を含めてあちこちの天文台が自分のところで撮影した画像をギャラリーとして公開しています。これらのサイトを見て興味のあるものをまた検索していくというのも面白いやり方だと思います。

書籍は筆者が推薦するとどうしても専門書に近い本を挙げてしまいそうなのでやめておきます。ただ、筆者自身が研究者として書籍をいろいろ見てみると、やはり長年の経験のあるベテラン研究者が書いた洋書の方が内容的にもきちんとまとまっていると感じます。これはハードルがものすごく高いことなのですが、洋書を読むことにそれほど抵抗のない方がいらっしゃれば、洋書を探してみることをおすすめします。

もし、本書にて火星に興味を持たれましたら筆者としては大変幸せなことです。宇宙探査や開発に興味を持って頂ける人が一人でも増えて欲しいと思っております。

本気で考える火星の住み方

著者　齋藤　潤
監修　渡部潤一

2022年2月25日　初版発行

齋藤　潤（さいとう　じゅん）
1962年徳島県生まれ。1991年、東京大学大学院理学系研究科鉱物学専攻博士課程修了。1991〜1994年に科学技術庁航空宇宙技術研究所特別研究員を務めた後、1995〜2005年、西松建設（株）技術研究所に勤務。2005年、JAXA宇宙科学研究本部の招聘研究員（「はやぶさ」プロジェクトチーム主任研究員）となる。その後、東海大学研究員、鹿島建設技術研究所上席研究員などを経て2020年より合同会社ムーンアンドプラネッツにて調査研究を担当。

渡部潤一（わたなべ　じゅんいち）
国立天文台副台長、教授。1960年福島県生まれ。東京大学理学部卒、同大学院卒。太陽系天体の研究のかたわら最新の天文学の成果を講演、執筆などを通してやさしく伝えるなど幅広く活躍。国際天文学連合では、惑星定義委員として準惑星という新カテゴリーを誕生させ、冥王星をその座に据えた。

発行者　横内正昭
編集人　内田克弥
発行所　株式会社ワニブックス
〒150-8482
東京都渋谷区恵比寿4-4-9えびす大黒ビル
電話　03-5449-2711（代表）
03-5449-2734（編集部）

デザイン　橘田浩志（アティック）／小口翔平＋後藤司（tobufune）
編集協力　菅野　徹
校正　東京出版サービスセンター
編集　大井隆義（ワニブックス）

印刷所　凸版印刷株式会社
DTP　株式会社 三協美術
製本所　ナショナル製本

定価はカバーに表示してあります。

ISBN 978-4-8470-6668-9
ワニブックスHP　http://www.wani.co.jp/
WANI BOOKOUT　http://www.wanibookout.com/
WANI BOOKS NewsCrunch　https://wanibooks-newscrunch.com/